海底地震勘探测量
导航定位技术理论与方法

方守川　著

U0250380

武汉大学出版社

图书在版编目(CIP)数据

海底地震勘探测量导航定位技术理论与方法/方守川著. —武汉：
武汉大学出版社,2018.10
ISBN 978-7-307-20518-5

Ⅰ.海…　Ⅱ.方…　Ⅲ.海底—地震勘探—定位方法　Ⅳ.P631.4

中国版本图书馆 CIP 数据核字(2018)第 212127 号

责任编辑:胡　艳　　　责任校对:李孟潇　　　版式设计:汪冰滢

出版发行:**武汉大学出版社**　(430072　武昌　珞珈山)
　　　　　(电子邮件:cbs22@ whu.edu.cn　网址:www.wdp.com.cn)
印刷:武汉中远印务有限公司
开本:720×1000　1/16　　印张:13.75　　字数:216 千字
版次:2018 年 10 月第 1 版　　2018 年 10 月第 1 次印刷
ISBN 978-7-307-20518-5　　　定价:59.00 元

前　言

　　人类开发利用油气资源已有几千年的历史，中国更是世界上最早发现和利用石油和天然气资源的国家之一，3000多年前的《易经》里就已经有了关于油气资源文字的记载："象日，泽中有火。"19世纪中期，随着近代工业的发展，俄罗斯人和美国人分别在黑海和美国宾夕法尼亚州打出了工业油井，揭开了世界石油工业的序幕。

　　1887年，在美国加利福尼亚海岸数米深的海域钻探了世界上第一口海上探井，这是海洋石油勘探的开端。海洋油气的勘探开发是陆地石油勘探开发的延续，经历了一个由浅水到深海、由简易到复杂的发展过程。

　　海洋地震勘探方法是目前海洋油气资源调查的主要手段，包括海底地震勘探和拖缆地震勘探两种方式。其中，海底地震勘探又由接收地震波信号的采集装置的不同，可分为海底电缆（Ocean Bottom Cable）、海底节点（Ocean Bottom Node 或 Ocean Bottom Seismometer）两种方式。

　　导航定位技术是海洋地震勘探的关键技术，没有精确可靠的导航定位技术，就不可能为地震勘探过程的海底电缆、海洋节点的释放，定位船的导航，以及震源船的激发控制，提供满足勘探精度的地震波激发点和接收点的空间位置。我国的海洋地震勘探测量导航定位领域，从20世纪90年代初开始引进国外的综合导航系统、定位系统，用于海洋勘探项目的施工作业，这种依赖国外测量导航定位技术的状况很难取得突破性的创新成果。只依靠国外的勘探综合导航系统、定位系统已无法满足我国快速发展的海洋勘探技术的发展的需要，也不利于新时代中国特色社会主义"一带一路"倡议发展的需要。因此，有必要对海底地震勘探导航定位相关关键技术进行研究和探讨，向海洋物探领域工程技术人员介绍海底地震勘探导航定位的相关知识，并尽快开发具有我国特色和自主知识产权的海洋地震勘探导航定位技术和产品，促进我国科学技术进步和国民经济的发展。

本书在作者所承担的"十二五"、"十三五"国家科技重大专项"大型油气田及煤层气开发"项目及 20 年以来地震勘探项目的工作经验的基础上，全力探讨和研究海底地震勘探导航定位技术中存在的作业船只的综合导航、震源船震源阵列的定位、海底节点的释放导航控制、基于声学定位采集方式的海底节点的定位及综合导航系统等问题，并就这些问题给予明确的解决方法。

本书具体的章节安排及主要内容如下：

第 1 章：介绍海洋勘探发展简史，论述海底地震勘探导航定位技术现状及待以解决的问题。

第 2 章：论述海底地震勘探基本原理，并讨论海底勘探综合导航系统组成及工作原理。针对地震勘探导航定位过程中的误差和数据处理方法进行研究，并分析其采用的定位方法与精度评定工作。

第 3 章：阐述海底勘探过程中作业船只姿态改正及归算方法、基于不同分级模式的作业船卡尔曼滤波导航定位模型、定位传感器设备数据同步处理方法和震源阵列导航定位模型。

第 4 章：简要论述海底电缆地震勘探放缆过程控制，并介绍放缆过程控制方法。

第 5 章：介绍海底勘探声学定位方法及数据处理算法。

第 6 章：介绍海底勘探声学定位航迹线的优化设计方案。

第 7 章：探讨一种新的基于多换能器阵列布设的短基线海底电缆定位方法。

第 8 章：介绍潮汐预测和潮汐数据的应用。

第 9 章：介绍海底电缆地震勘探导航定位系统研制及系统的应用效果。

书中的有关研究内容得到了武汉大学刘经南院士、赵建虎教授的指导和帮助。

由于作者水平有限，错误和不足之处在所难免，恳请读者指正。

作者
2017 年 12 月 30 日

目　　录

第 1 章　绪　　论

海洋地震勘探方法包括拖缆地震勘探和海底地震勘探。海底地震勘探导航定位方法是海底地震勘探采集过程中的关键技术和方法，它主要包括利用全球卫星定位和声学定位技术方法来实现勘探过程中的船只、震源阵列和海底电缆(或海洋节点)的定位和导航作业控制。

1.1　海洋地震勘探的发展简史

海洋领域存在着丰富的油气资源，从 1930 年底开始，人们就开始在海上进行地震勘探了。由于技术因素，起初的石油开采也仅仅局限于大陆架延伸到海洋的近海岸地区。进入 20 世纪 60 年代，以空气枪震源为代表的非炸药震源，因其安全、环保及高效率等特点，成为海洋勘探的人工地震主要方法，从此以后，组合空气枪作震源，用等浮组合电缆(Streamer)装置在水下接收地震波，通过数字地震仪将地震波记录于磁带上的拖缆地震勘探方法被广泛采用。

20 世纪 70 年代中期，由于技术的原因，陆地油气资源勘探在不少地区已经难以有新的发现。人们把油气勘探的目光投向了面积占整个地球 70% 的广阔海洋。在市场需求压力和高油价的驱使下，全球海洋油气勘探开发将继续较快增长，投资不断增加，海上油气产量继续增长，勘探开采作业海域范围和水深不断扩大[1-3]。一些新的不同于拖缆的海洋勘探方法，如海底地震勘探(OBC、OBS 或 OBN)方法不断地在海洋油气勘探中应用，并在近 30 年的时间中不断地发展。

海底地震勘探是目前寻找石油和天然气的重要方法之一，它是一种把内置有地震勘探检波器的电缆或海洋节点采集站沉放到海底，用震源船所拖带的气枪震源在离海水面一定深度进行激发人工地震波从而进行地震勘探采集的勘探方法[4,5]，如图 1-1 所示。OBC 地震勘探资料成果的品质好坏，同测量导航工作精确确定接收点和激发点空间位置的手段和方法密切相关。海洋 OBC 地震勘探作业时，海水在风浪、潮汐和暗流等自然环境的作用下，施工作业船只每时每刻都处在运动之中，其地震勘探资料的采集工作都是在运动过程中完成的。这就要求野外作业采集系统能够对作业船只在动态中进行准确的导航定位，并完成地震数据的同步采集[6-8]。

图 1-1 海底电缆地震勘探示意图

海洋节点(OBS 或 OBN)地震勘探技术自从 20 世纪 60 年代出现以来，在近 5 年才在石油勘探领域大规模应用，其作业模式如图 1-2 所示。同拖曳式拖缆地震勘探相比，它具有可在复杂的多障碍物的油田工区实施地震采集作业、宽方位、作业安全风险小及多分量接收等优势。同以往广泛应用的海底电缆(OBC)勘探方式相比，它又具有深水海洋作业能力、施工作业效率高及高覆盖次数等特点。所以，地球物理学家都希望这项技术随着现代电子技术的发展，希望它能够成为今后海洋复杂区地震勘探的一种主要方式。目前，世界上著名的地球物理勘探公司 Western Geophysical，CGG，BGP 等都在世界各个油田区块承担了十几个海洋节点勘探项目。

海底地震勘探对测量导航的技术要求有如下一些：

(1)能够对作业船的航行进行实时的导航及监控；

(2)能够把接收地震波的海底电缆(检波器)的放样(电缆放缆过程)或海

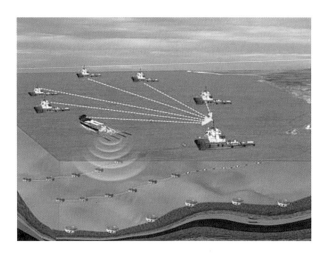

图 1-2　海洋节点地震勘探示意图

洋节点释放到指定位置并实施定位工作以确定其沉入海底后的空间位置；

（3）能够测定电缆或海洋节点的海底高程；

（4）在海底电缆地震采集过程中，作业船只能够在动态航行过程中进行导航控制，做到同步激发、同步接收地震波信号。而在海洋节点地震采集过程中，因为没有地震仪器系统，不需要实现地震仪器和海洋节点的同步，但要求入水后的海洋节点能够有精确的时钟保持以确保地震信息采集信号的时间信息。

（5）根据地震波在水下及地层介质中的传播速度及地震资料成像精度的要求，所确定的激发点和接收点的空间位置精度必须满足 2 米的要求[9]。

（6）海底地震勘探不同于拖缆地震勘探，它具有作业船种类多、HSE（Health，safety，enviroment）健康安全环保管理风险大，以及需要统一生产指挥等特点；海底勘探作业船只在作业工区航行时，为保证安全，需要实时知道所处区域的障碍物分布、安全航行水深等情况。所以，在其野外实施作业过程中，需要专业的综合导航系统作为生产指挥系统，来实现石油地震勘探的采集作业，以降低野外队伍的作业风险。

目前我国海底地震勘探测量导航定位技术存在以下问题：

（1）国内没有广泛应用的自主知识产权的海底地震勘探导航定位技术，大多数国内勘探公司和地质调查局引进国外的综合导航系统和相关定位技术应用于石油地震勘探野外采集作业。

（2）国外的综合导航系统性能优越、功能齐全，但价格昂贵，关键技术封锁；也有一些通用的水上工程测量软件，但对于海底勘探导航定位而言，其功能针对性不足，性能较差，无法满足复杂海况下海底石油勘探高精度、高效率及数字化管理的需求。

（3）海洋地球物理勘探中噪声水平很高，以致最后生成的图像难以解释的诸多原因中就包含地震检波器及震源阵列的定位精度这两个重要因素。所以，如何提高地震检波器及震源阵列的定位精度，从而降低海底电缆或海洋节点地震勘探中噪声水平，以提高最后生成的地震资料图像的精度是一个重要的研究课题[10,11]。

（4）最近几年开始广泛出现的施工方法，如海底节点采集施工方法 OBS（Ocean Bottom Seismometer）[12]，对海底勘探的放缆控制或海洋节点释放过程提出了新的需求。另外，针对在海底地震勘探施工所面临的复杂工区环境，存在施工底图没有标注的工区障碍物、危险地物以及危险区域等新需求，现有的系统无法满足安全施工要求，HSE 管理风险大。野外施工作业需要更加数字化、智能化地统一指挥与管理，需要综合导航系统作为生产指挥系统，来降低作业队伍的作业风险。

上述现状严重影响了我国海底地震勘探野外采集作业的数据质量，加大了施工作业管理难度。

鉴于此，对海底地震勘探所用的导航定位技术原理、作业船的实时导航、海底电缆或海洋节点放样过程及电缆或海洋节点的定位等进行深入的研究显得十分迫切而又必要，这对于我国在海底地震勘探导航定位技术的应用水平、研制和开发能力等方面都具有现实和长远发展的意义。

1.2 海底地震勘探导航定位技术现状及发展趋势

1.2.1 地震勘探作业船只实时导航定位

海底地震勘探作业船只实时导航定位是指其为地震勘探施工作业过程中需要给勘探作业提供作业船的实时空间位置及速度控制等相关信息的定位和

导航。

　　勘探作业船在风浪、潮汐和暗流等自然环境因素的影响下，是在实时动态过程中完成地震勘探采集作业任务的。如何正确地描述作业船只的运动状态及作业船只上所安装的测深仪探头、定位传感器探头（声学定位系统探头等）和船上所定义的对于地震勘探有实际意义的点位所构成的作业船定位网络的实时空间位置，对地震勘探意义十分重要[13]。同时，在地震勘探过程中，当作业船只到达设计点位时，如何实现高精度同步激发地震波（气枪控制系统）和相应的地震波接收记录系统同步记录地震波信号也是海底电缆地震勘探所需解决的问题。另外，不管是海底电缆还是海洋节点地震勘探作业，都需要在作业船的综合导航系统中实时记录地震勘探生产所需的激发点和接收点的三维空间位置和水深等其他信息的采集，也都是海底地震勘探测量导航定位技术中需要解决的问题[14]。

　　早期地震勘探作业船只的导航定位采用无线电定位系统[15]，如利用"罗兰 C"等进行定位。它主要通过在岸上建立控制点及岸台（无线电收发机台站），在作业船只上安装无线电波收发船台，进行测距、控制及显示等。其基本原理是利用测量得到的无线电波在岸台和船台的传播时间或相位差及传播速度，求得船台到多个岸台的距离或距离差，采用圆圆定位或双曲线的定位方式，从而求得作业船只的位置和速度等信息[16]。但随着卫星的升空，勘探作业船只逐渐采用了卫星定位与导航技术，以 GNSS/GPS、GNLOASS、欧空局的伽利略定位系统及我国的北斗卫星导航定位系统为代表的新一代空间定位技术，以其高精度、全天候、连续实时、便捷等特点，逐渐取代了其他定位技术[17,18]。20 世纪 90 年代，在我国沿海建立了无线 GPS 信标差分系统，全面覆盖了我国沿海地区，可达到米级的定位精度[19,20]，直到现在还被广泛地应用于浅海过渡带 OBC 地震勘探作业。然而，GPS 接收机因内部电路本身故障或 GPS 信号意外中断等原因造成数据失锁及定位精度不高等现象[21]，以及定位设备以一定时间间隔输出的瞬时空间位置，在作业船的实际航行过程中不足以表达作业船的实际航行轨迹，也不能用它来直接表示地震波激发时刻激发点的空间位置。所以，国外有不少公司及研究人员对地震勘探作业船只的实时综合导航定位技术进行相关的研究，并应用于石油地震勘探生产中。

　　我国拥有 OBC 地震勘探业务的公司有中海油、中石化和中石油等。但各个公司尚无相应完善的自主研发的实时综合导航技术与系统,所以不得不在石油地震勘探行业技术上长期受制于其他国家。

目前,国际上,在海底地震勘探领域所采用的综合导航系统主要是以英国 CONCEPT 公司(现已被美国 ION 公司收购)的 GATOR 系统为代表,是石油勘探市场主流产品。其他如法国 SECEL 等专业公司也研发了自己的 OBC 综合导航系统。另外,Fugro 公司这些年来也致力于地球物理及海洋工程等服务,其公司开发的 WinFrog 综合导航系统就可以用于海底电缆的地震采集作业[22-23]。

这些国外的综合导航系统对于作业船只的状态估计问题,大多采用多项式模型、CV(常速度)模型、CA(常加速度)模型、变加速度模型等[24],并利用标准卡尔曼滤波的方法来解决作业船只的实时空间位置的计算和导航信息,以及地震勘探激发采集同步等问题。如美国 ION 公司的 GATOR 综合导航系统中的定位网络计算模块,就是利用卡尔曼滤波器实时计算作业船只的状态(位置、速度和航向)。我国于洋提出了用于船舶航迹模型辨识的卡尔曼滤波器,以其来获取船舶航迹的参数,并依此来确定当前船的位置与预测航迹的相对关系[25]。但相关文献资料并没有考虑到作业船只姿态的变化引起作业船只状态信息的变化影响。而且,由于 GPS 等设备存在数据跳变的情况及异常数据的存在,会导致卡尔曼滤波器发散失真问题。

1.2.2　海底地震勘探震源阵列定位

气枪阵列震源是一种利用压缩空气迅速释放作为动力的非炸药震源,在海洋地球物理勘探中广泛应用。它利用气枪将高压空气在极短的瞬间送入水中,形成气泡,气泡在水中发生膨胀与收缩相交替的振荡,即造成地震振动波[26]。在海洋石油地震勘探作业中,人们通常利用拖带于作业船只尾部且沉放于海水面下 6~10m 的多个气枪阵列进行海洋石油地震勘探的施工。从气枪阵列被应用到海洋地震勘探开始的那一天起,世界上的地球物理工程师、地球物理学家就一直致力于气枪阵列与地震采集资料成像精度方面的分析研究。美国 Western Geco 公司的科学家和工程师分析了海洋地球物理勘探中噪声水平很高以致最后生成的图像难以解释的原因,就包含气枪阵列的定位精度这个重要的因素[27]。所以,如何提高海洋地球物理勘探中气枪阵列的定位精度，也成为一个重要的研究课题。

自从进入海洋地球物理勘探以来，众多地球物理工程师和学者提出了多种方法来解决气枪震源阵列的定位精度问题。美国学者 Oswald A. 等在 20 世纪 70 年代就提出了利用一个可操控的扩展器来调节气枪阵列距离地震电缆以及位置监控的发明专利。具体的方法就是：通过在扩展器上安装地震检波器来确定扩展器和拖缆上的地震检波器的距离，从而调节尾部气枪阵列与拖缆上的地震检波器的距离。20 世纪 80 年代末，激光定位系统也被应用到海上拖缆地震勘探拖曳体的定位中，如 MDL 公司的 Fanbeam 激光定位系统被地球物理导航工程师应用到扩展器和气枪阵列的定位工作。20 世纪 90 年代，随着全球卫星定位系统及其应用技术的发展，如图 1-3 所示基于 GPS 相对定位技术的尾标 GPS 系统也被广泛应用于海洋地震勘探过程中气枪震源阵列的定位[28]，为海洋地球物理勘探提供了可靠而又准确的定位方法。

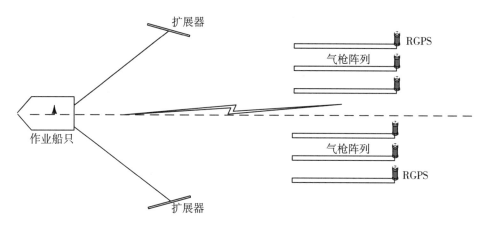

图 1-3 GPS 相对定位技术的尾标 GPS 系统

RGPS 定位系统被用于地震勘探震源阵列的定位时，一般利用卡尔曼滤波来确定其实时空间位置和状态。如以震源阵列几何中心为对象建立模型来描述震源阵列的运动，状态参数为 $x = [x, y, v_x, v_y]$。

在实际的石油勘探作业中，所采用的激光定位系统和 RGPS 定位系统的精度如下：

①激光定位系统能够提供距离定位精度为 0.2m，而角度为 0.01 度；

②RGPS 系统提供的定位精度为 0.1~1m。

但在海洋勘探中，激光定位系统和 RGPS 定位系统只能给出 1~2 秒间隔的采样数据，并且由于在风、浪、流的作用，以及震源阵列所受的作业船只拖带作用力等影响下，震源阵列的实际几何中心轨迹和阵列方向都存在不确定性。另外，由于基于震源阵列几何中心的模型过于简单，不能准确反映震源子阵间距发生变化，从而引起空气枪震源性能上的改变，给地震资料质量带来一定影响[29]。所以，以震源阵列几何中心为对象建立的模型，不能满足高精度 OBC 地震勘探的需要，这就要求构建更准确的模型来描述震源阵列的运动，以期获得空间位置和状态，满足高精度地震采集生产过程的导航控制。

1.2.3 放缆过程和海洋节点释放

海底电缆的铺设开始于 1842 年，随后，海底电缆的铺设使得通信行业得到了飞速的发展。在 1857 年的夏季，人们首次尝试横渡大西洋的放缆，在放缆几百米后，便由于缆绳的断裂沉入海底，最后以失败而告终。这个事件的发生引起了学术界极大的关注，学者们开始研究放缆过程中的动力学问题。1858 年初，英国科学家 Kelvin 和 Airy 对此事件进行了动力学研究。

然而，经过了最初的研究之后，人们对于海底放缆运动研究的热潮渐渐地消退了，我们只能从一些著作中看到零散的后续调查研究。而且，总的来说，这些后续的调查研究成果很少被应用到收放缆的实际操作中。E. E. Zajac 对此现象做出了如下分析：首先，这些早期的分析是在现代流体动力学理论之前得出的，所以它们没有理论基础；其次，在 1875 年底，人们对缆在水中所受的切向阻力还存在争议；最后，分析的结果不能完全应用初等函数来表达，还需要用一些确定积分的数值函数来说明。所以，如果没有复杂的数学分析，仅通过机械算法来处理是不全面的，同时也证明理论和实践的结合是必要的[30-32]。

20 世纪 70 年代末，人们开始利用海底电缆进行海洋观测[33-34]。在全世界范围内进行海底电缆长期观测系统的研究工作开始于 20 世纪 90 年代，其中，日本是最早利用海底电缆监视地震和海啸等灾难的国家。各种各样的海底电缆被广泛应用于军事、海洋工程、石油地震勘探等诸多领域。随着海底电缆的广泛应用，如何有效地提高海底电缆的放缆率，成为了新时期的热门话题[35]。

在近海或滩涂浅水区域，海底电缆地震资料采集涉及电缆铺设。电缆铺设是否到位，直接决定了检波器的实际位置是否和理论位置吻合，如果吻合不好，将导致返工，或造成地震资料覆盖次数不均匀，局部甚至出现零覆盖[36-38]。

传统的放缆是靠作业人员通过个人经验或经验算法来提高放缆的精度。对此，国内外许多学者对放缆过程进行了广泛的研究，Zajac 研究电缆放缆过程中的稳态理论模型[30]，但是由于受潮流等因素的影响，真正的放缆过程中需要船只随时改变速度，以使电缆到达最佳位置，所以很少有人研究出比较完善的动态理论模型。

Leonard 和 Karnoski 提出了一种数值算法[39]，该算法应用于具有恒定速度和行驶方向的作业船只上，研究的是电缆的稳态运动，即在深度变化的同时，假定水流和张力的稳定性，该方法实现了电缆的有效调度。

Huang 和 Vassalos[40] 提出了一种在交替松弛条件下预测海底电缆在操作过程中冲击载荷的数值理论，该模型以集中质量和弹簧方法为基础，并且考虑了缆的双线性轴向刚度的变动。

Patel 和 Vaz[41] 研究船在变速拖曳过程中缆的瞬时姿态，提出了在二维空间的数值法动力学模型，该方法包括将电缆分成 n 个具有平衡关系的连续元素，使得几何兼容性方程能够满足每个元素，然后应用 4 阶和 5 阶的龙格-库塔法，可以将这 n 个常微分方程组成的模型解算出来。后来，他们将这种模型扩展到三维空间，分析了剪切流的影响、电缆的弹性、分段电缆和放缆船只的速度等，提出了一种时间独立环境下的比较全面的三维稳态模型，并应用到放缆操作中。

Prpić-Oršić 和 Nabergoj[42] 提出了一个可预测放缆过程中电缆运动和张力的数值方法，但是没有考虑到电缆的刚度。

杨志国[43] 提出了一种全新的计算放缆点位的理论算法，将海底电缆放缆过程理论化，并分别给出了横向和纵向提前释放量的计算公式，使得放缆精度得到了很大提高，但该方法没有充分考虑放缆作业时电缆的受力情况，计算方法中的电缆和垂直方向的交角的量取存在一定的困难，而且忽略了电缆本身的各个组成的细节部分。

韩欢[44]根据微积分学中微元法的思想以及动力学的知识，建立了电缆在理想海水中的运动方程，从而可模拟电缆在海水中以及铺设到海底的轨迹。但没有从其仿真实验中给出明确的电缆放缆过程中形态特征的结论，且没有考虑海洋环境因素。

李同[45]利用 Makailay 软件提高深海地震勘探海洋节点的释放精度，提出运用 Makailay 软件事先模拟释放，再结合各种影响因素，可以尽可能地提高释放的精度，但其从理论上分析欠缺，海洋节点释放过程主要体现在软件使用上。

就目前的研究现状来看，主要存在以下几方面的问题：首先，研究大多基于稳态状态下的电缆和缆绳结构的海洋节点研究，对于动态分析较少；其次，对于电缆和缆绳结构的海洋节点的动态研究方面，考虑的因素不全，很难得到较全面精确地动力学分析结果；最后，电缆或海洋节点的精确度较低。

1.2.4　海底电缆和节点空间位置定位

海底地震勘探资料的成果品质好坏，同测量导航工作怎样精确确定接收点和激发点的空间位置有非常大的关系[46]。

由于受到海浪、潮汐及海流等海洋因素的影响，不管我们怎样用各种数学模型和方法进行电缆放样，海底地震勘探电缆或海洋节点到达海底的位置同理论测线设计位置仍会存在较大的偏移，所以，如何正确可靠地得到沉入海底后的地震电缆或海洋节点的实际位置，是地震勘探测量导航工作的一个重要任务。我们需要对经过放缆作业放入海底的地震电缆或海洋节点进行再一次定位，以确定其在海底的真实可靠的位置[47]。

为了确定海底电缆或海洋节点释放到海底后的位置，人们一般采用以下三种方法：第一种方法是记录地震勘探放缆船或节点释放船在放样时其在海水表面的空间位置坐标；第二种方法是利用人工激发地震波的方法进行定位放炮工作，采取拾取地震波初至的方法对电缆或海洋节点进行定位；第三种方法是采用声学定位方法，利用与地震检波器电缆或海洋节点绑定在一起的声学应答器进行定位[48-50]。

美国 ION 地球物理集团公司旗下的原 Concept Systems 公司开发的 GATOR 综合导航系统就采用了利用放缆船只在放样时的检波器下水位置的海水表面

位置坐标来代替海底电缆沉放到海底位置的方法[48]。这种方法在放缆位置与实际的设计位置不能偏离太远的情况下，是一种既经济又方便的方法，并能满足一定的定位精度要求。例如，在平静的浅水施工区域(如内陆海湾，水深小于5米)，可以采用此方法。但对于深水区域或风浪影响比较大的海域，由于海流、海浪及水深等因素的影响，这种方法并不适用。

地震勘探初至波(Seismic First-breaks)是地震电缆检波器最先接收到的直达波。国内外众多学者利用它来建立各种模型确定海底电缆检波点的空间位置[51,52]。由于野外勘探作业队伍本身在施工时都配备用于地震资料处理的现场处理系统，所以如果用拾取到的初至波进行检波器位置的定位，则不需要额外添加设备，成本比较低廉。相对于声学定位而言，初至波定位所得到的观测值比较多，能够较好地消除随机误差，但其定位的精度也受到检波器深度位置不确定性和声速速度场的准确性的影响，另外，地震仪器本身的采集延迟、地震波的多路径折射及环境噪声，也都会影响其定位精度。

声学定位技术应用于海洋工程领域有着几十年的历史，所以自从浅海过渡带地区采用海底电缆地震勘探以来，人们就开始利用这项技术来确定沉放于海底的地震电缆。现在普遍采用的声学定位系统有英国SONARDYNE公司的OBC12声学定位系统和东方地球物理公司的BPS声学定位系统。其采用的一般方式是在电缆上绑定声学应答器，在作业船只上安装声学发射器和主控制系统。利用安装在作业船的换能器(探头)发送声波至海底，海底的应答器被唤醒后返回一个声波信号；从而计算声波在海水中的传播时间和已用声速剖面仪测定的声速，求得换能器至应答器的距离。船只在行进过程中的不同时刻发送声波至应答器可获得多个距离，利用至少3个以上距离观测值，即可求出海底应答器的坐标[48]。

在这种声学定位过程中，换能器的位置误差、应答器与换能器之间的距离量测误差、水声的传播误差、声线弯曲等，都会影响声学定位的精度[53-55]。

1.2.5　技术发展趋势

海洋节点勘探技术有着海底电缆勘探无法比拟的优势，采集设备之间无需电缆的连接，在施工中，只需要把节点沉入到海底设计位置，就可以直接进行放炮采集；另外，海洋节点勘探技术适应各种水深勘探施工的要求，可以说能做海上全地形施工。随着陆地物探采集大道数的应用，海底电缆或者节点大道数、高密度勘探是未来发展的必然趋势。在越来越强调施工效率的今天，多震源船同步施工已经成为热门发展趋势之一。实现多震源同步作业，可以大量减少物探施工作业周期。

所以，具有宽方位、高覆盖、多分量及高效率等特点的海洋节点宽频地震勘探技术，已成为将来海洋油气勘探的关键技术之一。我国的海洋节点地震勘探技术刚起步，还没有形成生产能力，尚需要大力发展。

1.3 本书的结构体系

本书的主要研究内容包括：

第1章：介绍海洋地震勘探的发展历史，海底地震勘探导航定位技术发展现状及趋势。

第2章：简要论述海底地震勘探基本原理，分析海底地震勘探技术特点，提出海底地震勘探作业过程中对导航与定位设备的要求；并讨论海底地震勘探综合导航系统组成及工作原理；针对地震勘探导航定位过程中的误差和数据处理方法进行研究，并分析其采用的定位方法与精度评定工作。

第3章：针对海底地震勘探海洋环境的复杂性；提出了海底地震勘探作业船只姿态改正及归算方法、基于不同分级模式的作业船卡尔曼滤波导航定位模型；提出了一种基于粗差剔除和数据同步处理算法，以解决定位传感器设备故障数据跳变、粗差等问题。在此基础上，研究震源阵列导航定位模型，提出以单个枪体为对象的卡尔曼滤波模型来描述震源阵列的运动状态以满足高精度海洋地球物理勘探震源阵列定位的需要。

第4章：简要论述海底地震勘探放缆和海洋节点释放过程控制，并研究稳态条件下海底电缆和节点的运动问题，提出基于顾及海流因素的放缆过程控制分析方法，并进行模拟与仿真来验证模型的正确性。

第5章：介绍海底电缆和海洋节点定位方法，对海底电缆和节点声学定位方法进行系统的研究；提出了一种在野外声学采集得到的观测数据所构成的图形强度较差的情况下，采用定位时该水域的已知水深值作为约束的附加深度约束声学定位方法及基于差分定位的新的声学定位算法。

　　第6章：对海底地震勘探声学定位航迹线的优化设计进行系统研究；提出作业船只的最优航迹设计的思路，形成航迹线优化设计方案，以提高野外声学定位作业精度和作业效率。

　　第7章：分析当前海底电缆地震勘探电缆定位技术的应用现状；提出一种新的基于多换能器阵列布设的短基线海底电缆定位方法，以替代当前走航式定位和超短基线定位的海底勘探定位方法。

　　第8章：阐述潮汐的形成原理；介绍潮汐测量设备和使用方法，以及潮汐预测工作中的潮汐预测模型和潮汐预测软件；并通过项目案例介绍验潮站的建立方案、实施过程和潮汐数据的应用。

　　第9章：介绍海底地震勘探综合导航定位系统及其应用情况。

第2章　海底地震勘探导航定位原理

海底地震勘探中，导航定位对于确定作业船、震源阵列及电缆检波器位置，以及最终实现勘探资料的正确解译等，具有非常重要的作用。受海洋环境和作业模式影响，海底地震勘探导航定位无论在系统、数据处理方法、误差影响等方面均不同于陆地和拖缆地震勘探。为此，本章将对海底地震勘探所需要的导航定位系统进行分析，并论述综合导航定位系统的组成、导航定位误差和数据处理及导航定位方法和精度评定工作。

2.1　海底地震勘探基本原理

随着海洋石油勘探开发业务的扩张，日益增多的钻井平台和其他障碍物的影响，拖缆地震勘探船的作业受到了极大的限制，而海底电缆在改进了双检波器及多波多分量等几项新技术后[56,57]，又重新得到了行业的重视。

海底地震勘探产生人工地震的方法是利用气枪将高压空气在极短的瞬间送入水中，形成气泡，气泡在水中发生膨胀与收缩相交替的振荡，即造成地震振动波。地震波向地下传播，遇到地层界面发生反射，反射波由沉放到海底电缆中的检波器接收或海洋节点接收，检波器把振动信号转化为电信号并记录在存储介质上，从而得到地震波激发后海底电缆或海洋节点中的检波器的振动情况，通过地震资料处理和解释工作推断地下地质构造的特点，并根据石油地质相关理论，推断地下储油圈闭形态。

如图 2-1 所示，海上某条震源船在一条测线某位置激发地震波，当地震波向地下传播时遇到两种地层的分界面，就会发生反射。此时，在海底电缆或海洋节点内的检波器记录了来自各个地层分界面的反射波所引起地面振动的信号强度 E，然后根据地震波从地面开始向下传播的时刻（即激发时刻）和地层分界面反射波到达地面的时刻，得出地震波往返旅行时 t，再用其他方法测定出地震波在岩层中传播的速度 v，就可以计算出地层分界面的埋藏深度 h[58,59]。

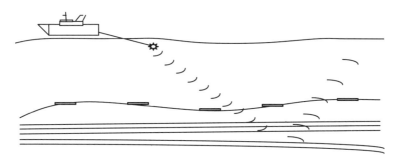

图 2-1　海底地震勘探示意图

　　沿着海上一条测线进行地震资料采集，并对采集结果进行处理之后，就可以得到形象地反映地下岩层分界面埋藏深度起伏变化的资料——地震剖面图，如图 2-2 所示[60]。

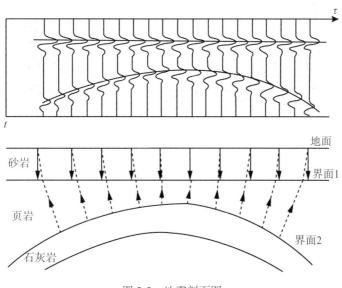

图 2-2　地震剖面图

海底地震勘探采集技术解决了海上油田开发区因开发平台等障碍物的影响而无法实施海上拖缆作业的问题。随着进一步的发展，海底电缆和海洋节点采集技术以检波点定位精度高、资料环境噪音小等优势占有了一定市场；现在，海底电缆从单检逐步发展到双检再到 M4C（多分量）等技术[61,62]，解决了海上油田开发的诸多难题。

2.2 海底地震勘探对导航定位的要求

如图 2-3 所示，海底地震勘探作业现场一般包括仪器船、放缆船、定位船和震源船等船只。海底地震勘探导航定位施工具体分成放缆船放缆或海洋节点释放、海底电缆定位或海洋节点定位和地震采集三个过程。

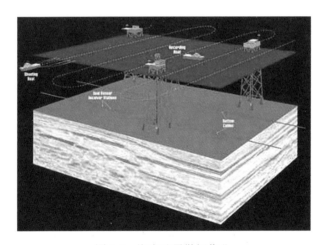

图 2-3　海底地震勘探作业

放缆船放缆或海洋节点释放：根据勘探施工设计好的理论检波点位的测线，放缆船或节点船在综合导航系统的指引下进行导航放样，把海底电缆或海洋节点按检波点间距放样到海底设计位置。

海底电缆定位或海洋节点定位：由于受到海流、潮汐、船速以及海底电缆检波器或海洋节点沉降速度的影响，海底电缆检波器或海洋节点很难放样到设计位置。而导航系统所提供的测量成果只是海底电缆检波器或海洋节点离开放缆船或节点船时的位置，其在海底的实际位置和实时得到的放缆导航成果存在一定的偏差。海底地震勘探施工作业中，沉放入海底后的海底电缆检波器或海洋节点的实际位置对地震采集资料的可靠性尤其重要，因此，必须通过一定的方法测定检波器在海底的实际位置。

地震采集：在海底电缆地震勘探中，要求参与作业的震源船导航系统的数据采集和震源控制系统及地震仪器船上的地震仪器系统三者之间保持同步采集。而在海洋节点勘探中，因为不存在地震仪器系统，所以它只要求震源船导航系统的数据采集和震源控制系统之间保持同步采集。

海底地震勘探导航定位具有如下特点：

(1)作业船在海浪、海流等作用下，每时每刻都处于运动状态中，地震勘探数据采集都必须在动态中完成；

(2)因为海底地震勘探过程中检波点和激发点的空间位置是在作业船运动过程中给出的，所以其导航定位严格上说具有不可重复性，对导航定位系统的可靠性要求较高；

(3)由于海底地震勘探施工具有连续工作的特点，不能由于个别导航定位设备出现一点故障而停止作业，这就要求导航定位设备具有相互检查、相互替代的特点；

(4)紧密的施工：由于风浪、海流和潮汐的影响，放入海中的电缆或海洋节点在一定时间后会产生位移；另外，考虑到环境噪声的影响，地震资料的采集工作最好集中在海流平稳期间完成。如果不及时施工，就可能会错过最有利的施工时期，从而降低地震资料采集质量和工作效率。这就要从导航放缆或节点释放到放炮紧密结合，保证高效的施工；

(5)统一的生产组织：由于海上勘探作业是一紧密的整体，受潮汐影响，可利用的工作时间有限，只有在统一的指挥下，合理安排作业计划与时间，才能保证正常有序的生产。

海底地震勘探对导航定位的技术要求有如下几项：

(1)每条作业船应至少配备2台能够提供不同差分定位信号来源的分米级定位精度的GPS系统，以达到质量监控的目的；

(2)海底电缆或海洋节点上根据检波器组的间隔距离，配置一定数量的声学定位传感器，以满足电缆或海洋节点定位的需要；

(3)每个震源阵列至少应配置2个定位传感器，如RGPS定位设备；

(4)作业前，必须对 DGPS、RGPS、电罗经、测深仪器及声学定位系统等设备进行检验和校准；

(5)对综合导航系统进行系统检验，如导航定位设备及传感器的相对关系是否正确；

(6)地震勘探地震波震源和地震波接收器检波器的空间位置精度：最低要求不低于 1/2 道间距(两个相邻检波器之间的距离)；

(7)海底电缆地震勘探要求参与作业的震源船导航系统、震源控制系统和地震仪器系统三者之间保持同步采集，同步采集精度要求高于 100μs。而海洋节点勘探要求震源船导航系统的数据采集和震源控制系统之间保持同步采集，但海洋节点本身需要有精确的时钟来保持记录地震波信号的时间精度，导航系统的数据记录时间能够与海洋节点的记录时间匹配。

2.3　综合导航定位系统及工作原理

海底地震勘探作业中，综合导航系统是生产的核心和中枢，也是测量导航定位技术在海上勘探中应用的重要体现。

2.3.1　系统组成

如前所述，海底地震勘探的作业船只按其工作任务不同，分为放缆船或节点船、定位船和震源船等。这些作业船上的导航定位设备配置基本相同。基本设备包括：GPS、测深仪和电罗经。而声学定位船上另有一套声学定位系统，如图 2-4 所示，震源船上另有 RGPS 定位系统，如图 2-5 所示。

2.3.2　系统工作原理

1. GPS 定位概述

随着 GPS(Global Positioning System)技术的发展，它在国民经济各领域得到了广泛应用，特别是 GPS 实时相位差分技术，因其具有高精度、高效率、连续实时作业、重量轻、操作简单和全天候等许多优点，在各类测量工作中发挥着重要的作用。工程中较多采用的实时差分系统有 RTK 和 RTD 两种模式，一般由自建的基准站、数据通信链和流动站组成，是一种局域差分 GPS。

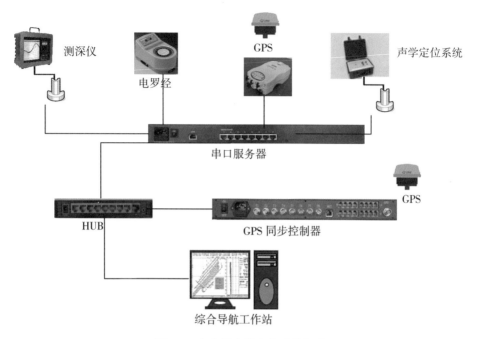

图 2-4 定位船声学定位系统组成

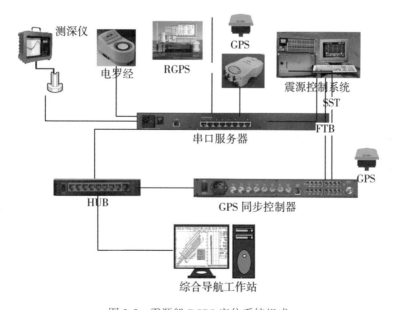

图 2-5 震源船 RGPS 定位系统组成

这种差分技术，首先，它受到参考站与流动站之间距离的限制，RTK 模式一般最大不超过 20km，RTD 模式一般不超过 40km，当施工地区与参考站距离较远时，如海上作业，使用这种技术施工是不可能的；其次，它需要用数据传输电台将差分信号从参考站传输到流动站，而电台的传输效率受地形影响较大，特别是高山、密林等地区，即使在几公里范围内，流动站也无法接收到差分信号，严重影响这种技术的正常使用。

　　石油物探测量定位技术在 20 世纪 90 年代随着 GPS 定位技术的普遍应用而得到了快速的发展。但是，在海洋石油地震勘探领域，由于作业区域离岸边比较远，另外受到数据通信距离的限制，RTK 技术没有被普遍采用。普遍采用如表 2-1 所示的 GPS RTD、陆基远距离 DGPS（Difference Global Positioning System），信标台站差分定位技术等进行海洋地震勘探的定位[63-65]。

表 2-1　　　　　　　　　　　　　　差分 GPS 定位技术

设备类别	作业距离	平面精度	典型设备
GPS RTD	小于 45km	0.02m	Leica, Trimble, Secel 等
陆基远距离 DGPS	小于 800km	1~5m	NR203, DeltaFix FR 等
信标台站接收机	沿海 150km 以内	1m	NT200D, DeltaFix 等
广域差分 GPS	全球范围(除两极)	1~3m	LandStar 和 Omni Star, SkyFix 等
星站全球 RTK	全球范围(除两极)	0~3m	StarFire 系统的 NCT2000D 等

　2. 广域差分 GPS 及其特点

　　广域差分技术解决了一般 RTK 定位和信标台站差分定位受通信电台距离的问题。它通过在一个广大的区域范围内建立若干 GPS 跟踪站组成差分 GPS 基准网，并对这些跟踪数据进行计算和分析，然后通过卫星向用户提供差分信号，解决了差分距离的限制，扩大了应用范围。这种技术往往在 1000km 的范围还可以得到满意的测量精度。

　　广域差分 GPS 技术的基本思想是：对 GPS 观测量的误差源加以区分，并对每一个误差源分别加以"模型化"，然后将计算出来的每一个误差源的误差修正值(差分改正值)通过卫星传输给用户，对用户 GPS 接收机的观测值误差加以改正，以达到削弱这些误差的影响，改善用户 GPS 定位精度的目的。广域差分 GPS 系统一般由一个主控站、若干个 GPS 卫星跟踪站(也称基准站或参考站)、一个差分信号播发站(地球站)、一套地球同步卫星、若干个监测站、相应的数据通信网络和若干个用户站组成。从系统的工作流程分解来看,可以分为以下六个步骤,如图 2-6 所示:

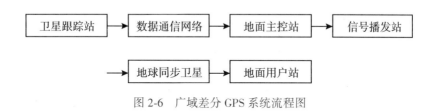

图 2-6 广域差分 GPS 系统流程图

(1)在已知精确地心坐标的若干个 GPS 卫星跟踪站上,跟踪接收 GPS 卫星的广播星历、伪距、载波相位等信息;

(2)跟踪站所获得的这些信息,通过数据通信网络全部传输至主控站;

(3)在主控站计算出相对于卫星广播星历的卫星轨道误差改正、卫星钟差改正及电离层时间延迟改正;

(4)将这些改正值通过差分信号播发站(地球站)发送到地球同步卫星;

(5)由地球同步卫星将差分信号改正值转发到 GPS 用户站;

(6)用户站利用这些改正值来改正他们所接收到的 GPS 信息,进行差分改正,以改善用户站 GPS 的定位精度。

如图 2-7 所示。

广域差分 GPS 向用户站提供主控站计算出的主要误差源的差分改正值,从而顾及了误差源对不同位置测站观测值影响的区别。所以,广域差分 GPS 克服了局域差分 GPS 对时空的依赖性,而且保持和改善了局域差分 GPS 中实时差分定位的精度,其特点是:

(1)主控站和用户站的间隔可以增大至 1500km,甚至更长,且不会显著降低用户站定位精度;

(2)系统的作用覆盖区域可扩展到一些困难地区,如远洋、沙漠;

(3)采用同步卫星转播差分信号,作用覆盖区域进一步扩展到数据通信困难地区,如高大山区、丛林;

(4)由于租用同步卫星播发的差分信号,运行费用相对较高。

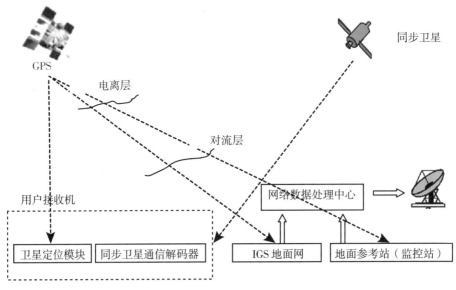

图 2-7　广域差分 GPS 系统结构图

3. VERIPOS 全球差分 GPS 系统

广域差分 GPS 系统网络中 GPS 监控站(差分参考站)的等级不同,世界各个地方所确定的区域误差模型的精度也不同,现在其差分定位的精度范围为 0.1~3cm。

目前,国外已有一些提供广域差分 GPS 技术的系统,如 LandStar、OmniStar,Starfix 及 StarFire 等。各种广域差分 GPS 系统因其自身的组网方案、覆盖范围的区域性和核心算法技术应用的差别,从而提供给用户的精度和作业距离是不同的。

目前,海底勘探作业船根据设备供应商提供的差分 GPS 方案,综合考虑技术服务费用和服务水平而选取不同的船用差分 GPS 方案。中石油东方地球物理公司的勘探作业船普遍采用了 VERIPOS 差分定位服务方案。VERIPOS 差分定位服务的开发团队是从 FUGRUO 分离出来的,所以他们提供的差分定位服务技术和 FUGRUO 类型相同,主要有以下三种类型:

1) VERIPOS 标准信号服务

VERIPOS 标准信号服务是专门为在海洋领域全球定位用户提供精度可靠

的差分定位服务。这种服务的差分信号主要是 L1 波段的 C/A 码观测值差分改正数，它是由在轨通信卫星发送给定位用户的。这种标准信号服务给用户提供了 RTCM-SC104 差分改正信号，处理计算方式采用单差方式，观测值类型为 C/A 码和 u 载波相位，用 1s 的频率进行采样，在距离参考站 1000km 内精度达到 1~3m。从 20 世纪 90 年代初开始，VERIPOS 服务首先在西欧进行，其差分信号服务覆盖了包括北美、南美、中东、亚洲等世界范围内的广大区域。图 2-8 所示为 VERIPOS 标准服务在非洲地区的信号服务范围。

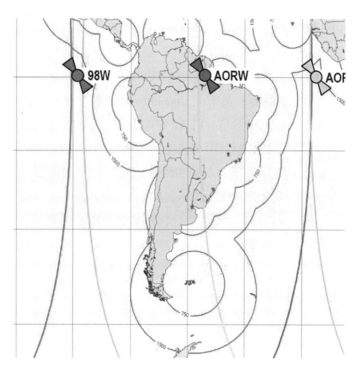

图 2-8 非洲地区的信号服务范围

2）VERIPOS 标准高信号服务

VERIPOS 标准高信号服务是为了削弱电离层对 GPS 定位精度的影响，参考站和用户接收机都采用 GPS 双频观测值，利用双频观测值计算每个 GPS 卫星在信号传播过程中产生的电离层延迟改正数，以提高差分定位的精度。现在，VERIPOS 标准高服务参考站都配备了双频 GPS 接收机，每个参考站的原始双频观测值通过通信网络发送到数据处理中心，用来计算每颗可视卫星的电离层延迟改正数。

3）Ultra 差分信号服务

VERIPOS Ultra 是一个全球性的为用户提供 DGPS 差分改正值的网络，用户可以得到优于 15cm 的定位精度。由于差分改正值是通过 Inmarsat 同步卫星广播的，所以用户不需要建立本地基准站，即可在全球南纬 76°～北纬 76°之间的范围内获得高精度的定位。该系统是利用 GPS 卫星、L 波段通信卫星和一个全球范围的参考站网络来实现高精度定位的。地面参考站网络由高性能的双频 GPS 接收机构成，不断地接收 GPS 卫星信号，并将数据传送至位于美国加利福尼亚 Redondo Beach 和伊利诺斯 Moline 两个数据处理中心，演算出 GPS 差分改正值。计算出的差分改正值利用冗余、独立的通信链系统分别传送至位于加拿大 Laurentides、英格兰 Goonhilly 和新西兰 Auckland 的卫星上行站，再上传至 3 个地球同步卫星。VERIPOS Ultra 系统的方便性和高精度的关键在于 DGPS 改正数据的来源。构成地面参考站网络的双频接收机对 GPS 卫星信号进行解码，并将高质量的双频伪距和载波相位观测值发送至两个处理中心。在处理中心，利用 NASA Jet Propulsion Labo ratory（JPL-喷气动力实验室）授权的，基于 RealTime Gypsy（RTG）软件的处理技术，演算出实时的高精度卫星轨道和时钟改正数据。这种专门的广域差分 GPS 算法，对于类似广域差分系统是最优的，使得无论是网络内还是用户的双频接收机都能获得电离层数据观测值。生成差分改正数据是第一步，这些数据由数据处理中心发送至地面上行站，再发送给 3 颗海事卫星，由这些卫星将差分改正信号发送给全球的用户。

装备了能够同时兼容 GPS 卫星和 L 波段的 Inmarsat 卫星信号的双频接收机的用户，即可在全球范围获得高精度实时定位精度。从 VERIPOS 的公司网站所提供的信息来看，VERIPOS 的差分定位服务与 FUGRUO 类同，能够对全球范围内的大部分地区和国家（欧洲、亚洲、非洲、南美、北美、澳大利亚等）提供最高精度的定位服务。

4）VERIPOS 差分 GPS 的安装

海上石油地震勘探的野外实时生产作业的连续性特点，要求实时导航所用的差分 GPS 系统必须具备极低的故障率。为此，我们在"东方先锋号"勘探作业船上安装了两套差分 GPS（主系统和辅助系统）。主辅系统分别由 VERIPOS LD2 差分信号解码器、Topcon GPS 接收机和实时质量监控工作站组成，其中，主系统的差分信号通过 Spot 卫星转发到作业船，而辅系统的差分信号则通过 Inmarsat 海事卫星发送。考虑到导航所用电罗经坐标归算对导航定位精度的影响，安装主辅系统 GPS 天线时，应尽量把两个 GPS 天线安装到船体参考点附近位置。完成"东方先锋号"室外 GPS 天线等设备的安装后，我们配置了差分 GPS 系统的系统参数以及与综合导航系统的接口参数，这些工作于 2006 年 12 月 17 日前完成。系统的配置及接口如图 2-9 所示。

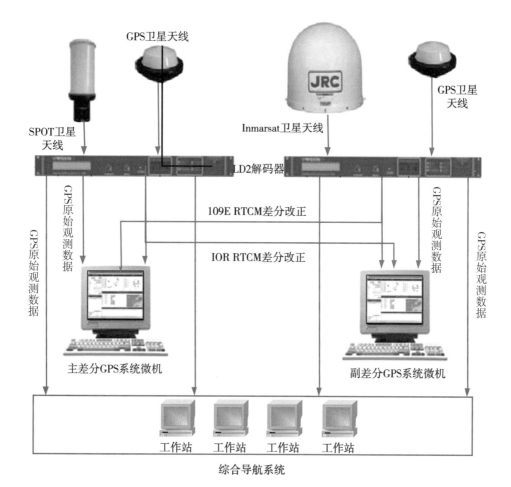

图 2-9　VERIPOS 系统的配置及接口

海上地震勘探作业所用的差分 GPS 在正式施工作业之前，必须给物探作业合同甲方提供一份由国际公认的检测机构出具的设备检验报告，"东方先锋号"差分 GPS 的检验任务是由差分 GPS 设备提供服务商来完成的。具体检验过程如下：在船停靠的码头附近利用 Trimble R8 GPS 建立一条检验所需要的基于 WGS-84 坐标系统的基线，在需要检验的差分 GPS 位置上设立全站仪观测所需要的激光棱镜。用全站仪在基线的一端设站，在观测之前，先同步差分 GPS 系统与全站仪观测数据记录的时间，然后大致进行半个小时的数据观测，最后在室内对所观测记录的数据进行计算整理，编写检验报告。东方先锋号的差分 GPS 系统于 2007 年 1 月 10 日完成，检验结果见表 2-2。其检验结果符合施工作业要求。

表 2-2　　　　　　　　　　　　　**DGPS 检验结果**

项目	UTM 东坐标（m）		UTM 北坐标（m）	
	差值	标准方差	差值	标准方差
VERIPOS1	+0.01	0.16	−0.03	0.12
VERIPOS2	−0.05	0.11	+0.01	0.09

4. 测深仪

测深仪在海上地震勘探作业中经常用于了解勘探区域内的海底起伏变化情况，而且它一般与综合导航系统连接，来确定海上地震勘探作业激发点和接收点的沉放深度，以真实地反映海上地震施工作业时激发点和接收点的相对状态，以供地震资料后期处理（如静校正）参考。

测深仪是：基于量测声学探头从发射电磁波到接收从海底返回的电磁波信号的旅行时间思想而设计的[66,67]。工作原理如图 2-10 所示。

$$d = \frac{1}{2}(v \times t) - k + d_r \qquad (2-1)$$

式中，d——从海面到海底的水深，图 2-10 中 a 为探头到海底的距离；

　　　d_r——测深仪的吃水深度；

　　　v——声波在水中传播的平均速度；

　　　t——声波信号从探头发射至水底返回到探头的旅行时间；

　　　k——测深仪系统指标常数。

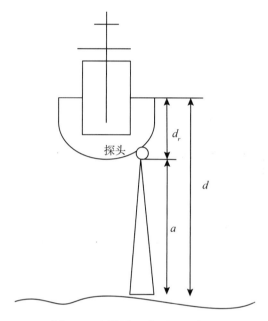

图 2-10　测深仪工作原理示意图

从测深仪探头到海底的距离 a 是根据声波一去一回的旅行时间 t 乘以声波在海水中的传播速度 v 再除以 2 得到。旅行时间的最终确定，可通过精密的电子元件相位测定的方法得到。而声波在海水中的传播速度同水的温度、盐度及压力有很大的关系。在测深仪用于正式的工程应用之前，必须确定这些因素对深度测量精度的影响，并通过适当的方法消除其影响，以得到精确可靠的深度测量数据。

然而，在地震勘探作业中，不可能确定测深仪工作时的水温及盐度等因素。通常的做法是用一个平均的声速来计算所谓的水深观测值；或通过一些经验公式如 Matthews 速度表（Matthews 1939）等来确定[68]。

1）巴氏校正法

测深仪的测深观测值精度主要取决于声波信号在水域内传播速度的量测精度。因此，施工前，必须在施工海域内对测深仪的声速进行校正。巴氏校正法就是通过人为设置已知深度，对测深仪声速进行校正的一种方法。它简单、实用，从 20 世纪 40 年代开始，就被各国海洋测绘工作者广泛应用。校正测声仪时，最好选择在风平浪静的时候进行。首先，将一块金属反射板沉放到水下已知深度，然后通过声学探头向金属板发射电磁波，并记录电磁波往返的时间，再用式(2-1)计算出该区域的声速，从而对测深仪进行较正。根据实际需要，可将金属反射板沉放到水下 lm、3m、5m、10m、15m 等不同深度。现在，很多测深仪提供动态跟踪校正目标的技术，如 Odom 生产的 HydroTrac 测深仪(见图 2-11)，校正起来更方便。

Calibrate	10.01
Bar Depth	10
Draft	1.6
Index	.7
Velocity	1500
Simulator	On/Off

图 2-11　HydroTrac 测深仪校正界面

2)综合校正法

在野外作业的实践中，我们探索出一种更好的校正方法，即通过声速剖面仪先获取勘探区域的声波速度，再用巴氏校正法对测深仪进行校正。

(1)获取声波速度。随着海洋勘查技术的不断发展，已有许多海洋勘查设备可选择。精确测定声波在水中传播速度的声速剖面仪，在近十几年的发展中越来越成熟。其工作原理是：在靠近声速仪探头顶端装有高频"环鸣"传感器和相关的反射器，它们发射和接收信号，从而量测水中的声速。这种方法考虑了盐浓度、压力等影响声速的因素。Odom 公司生产的 DIGIBAR-Pro 声速剖面仪的工作原理就是这样。

东方公司在 S49 海上施工中就是使用这一设备来获取声波速度用于测深仪校正、二次定位系统的定位计算的。图 2-12 所示是海洋中典型的声速剖面图。海水由于受太阳辐射加热和风力搅拌等的影响，其温度的垂直分布一般呈分层结构，加上压力的影响，使海洋中的声速呈垂直分布。由于上下层的声速不同而发生折射，反映到声波传播途径的声线，总是弯向声速最低的地方。

(2)巴氏校正法的操作步骤：

①量测勘探作业船只的吃水深度 d，并输入到测深仪校正屏幕的相应参

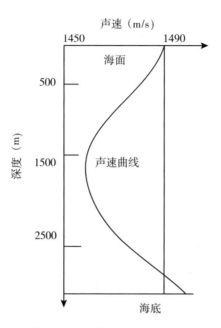

图 2-12　海洋中的声速剖面图

数中；

②输入由 DIBIGAR-Pro 声速仪测得的该区域的平均声速；

③把测深仪的发射功率挡放置在高功率位置，准备进行测深仪的校正；

④把金属反射板沉放到水下 1m、3m、5m、10m、15m 的位置，观测和记录测深仪的水深读数，调整测深仪的系统指标差，使测深仪的水深读数刚好为金属反射板的沉放深度，从而确定每台测深仪的系统指标差。

通过上述步骤的校正，可得到表 2-3 所示的测深仪校正数据。

表 2-3　　　　　　　　　　　　　　测深仪校正结果

船名	测设仪号	声速	金属板 1	指标差	金属板 2	指标差
Fanglan2	10578	1552	3m	0.14	5m	0.16
Fanglan1	10572	1552	3m	0.14	5m	0.15

5. 电罗经

由于风浪、海流等影响，海上作业船的船艏线方向与船的实际运动轨迹并不一致。用作业船导航 GPS 天线相位中心计算作业船定位网络中网点的位置时必须考虑船艏向方向与船实际运动轨迹的交角。实际作业过程中，经常采用电罗经作为方位传感器来得到这个偏差。如图 2-13 所示。

所用的电罗经的精度误差在 0.1~0.5 度等级[69,70]。

图 2-13　Robertson SKR-82 电罗经

1）电罗经校准用公式

$$\Delta d = A + \gamma - \alpha \tag{2-2}$$

式中，Δd ——电罗经的校正值，°；

$\qquad A$ ——船轴线的格网方位角，°；

$\qquad \gamma$ ——当地的子午线收敛角，°；

$\qquad \alpha$ ——电罗经的磁方位角度数，°。

2）电罗经校准要求：

（1）在校准期间，应保证船体平稳；

（2）应使用常规测量方法精确确定船艏向；

（3）校准过程中，电罗经陀螺头不可移动，否则重新校准；

（4）电罗经两个方向获得的船艏向和电罗经观测值的差值相差应小于±0.5°；

（5）如果在施工过程中，使用的是具有罗经定向功能的 GPS 仪器，则使用 DGPS 静态检测的方法来检测仪器的可靠性。

3）电罗经校准流程

（1）船舶应当停靠在码头或者港口，沿船艏向尽可能固定牢船体，同时选择天气状况良好的时段，尽量减少船体的移动和摇摆；

（2）根据港口的方位或根据港口内已知坐标点架设全站仪，在船体中心线的船首处和船尾各架设一反光棱镜，通过观测，可计算出船体的坐标方位角，在观测的仪器的同时，读取电罗经的真方位角数据；

（3）反复观测几个测回，将计算出的坐标方位角转化为真方位角，而后得出每次计算真方位与观测真方位的差值 C-O，取其平均值；

（4）调转船头，以相同的方法可计算出每次计算值与观测值数值的差值 C-O，取其平均值；根据两次平均值，可以计算出电罗经的校正值；

（5）将校准产生的电罗经校正值用做补偿电罗经测定的船艏向。

罗经校正的结果见表2-4。

表 2-4　　　　　　　　　　　　　电罗经校正结果

设备名称	船艏向	C-O(°)	SD(°)	C-O 均值°
罗经 1 （S/N：6003）	89.98°	+0.32	0.13	+0.16
	269.59°	−0.01	0.09	
罗经 2 （S/N：5887）	89.98°	0.39	0.09	0.39
	269.59°	0.38	0.09	

6. RGPS

RGPS(Relative GPS)是一种提供测量点之间相应距离和方位的 GPS 系统。它通常由安装在船上的基准站和安装在震源浮体上的流动站构成。流动站通过有线或无线的方式将其观测值实时发送到船上，再与船上的基准站观测数据一起解算出流动站的位置。多个流动站基于 TDMA 网络进行数据传输，这样充分利用了有限的网络资源，可同时获得十几个至几十个流动站的实时位置。RGPS 观测值类型可以根据用户需要提供参考站到流动站的基线向量或直接提供流动站的坐标。其基线长度精度在 10cm～1m 范围内，方位精度为 $0.02°$[71,72]。

在作业船正式作业之前，在能够停靠的码头，需要把安装在船上的 RGPS 系统进行开工前的检测，以保证设备的正常工作。其具体步骤如下：

（1）用卫星定位的方法或全站仪导线测量的方法在码头上建立一条用于检测的坐标基线；

（2）把 RGPS 参考站设立在坐标基线的其中一个点上；

（3）把所有参与检测的 RGPS 流动站设备架设在该坐标基线的另一个已知坐标点上；

（4）依次开机观测时间为 30 分钟，记录 RGPS 参考站到流动站之间的距离和方位记录信息；

（5）提取 RGPS 参考站到流动站之间的距离和方位与已知基线的距离和方位进行比较，可以得到 RGPS 观测基线和已知基线之间的差值；其距离差值和方位差值应小于 RGPS 设备出厂的精度指标，或者根据观测得到的基线和已知点坐标来推算基线另外一点已知参考点的坐标，并比较计算得到的参考点坐标与已知参考点坐标的差值和标准差的统计，如表 2-5 所示。

（6）提交检测报告，并取得甲方监督的认可。

表 2-5　　　　　　　　　　　　　　　**RGPS 检验结果**

流动站号	东坐标		北坐标	
	较差（m）	标准差（m）	较差（m）	标准差（m）
1	0.123	0.26	−1.514	0.14
2	0.942	0.28	−0.819	0.24
3	0.702	0.18	−1.100	0.16
4	0.357	0.49	−1.300	0.38
5	−0.114	0.41	−1.551	0.14

流动站号	东坐标		北坐标	
	较差（m）	标准差（m）	较差（m）	标准差（m）
6	0.334	0.36	−1.227	0.22
7	0.561	0.04	−1.094	0.06
8	0.582	−0.06	−1.136	0.05
9	0.481	0.03	−1.164	0.05
10	0.634	0.05	−1.195	0.05
11	0.518	0.15	−1.589	0.43
12	0.617	0.60	−0.795	0.14
13	0.976	0.43	−0.845	0.10
14	0.409	0.19	−1.311	0.46
15	0.403	0.20	−1.713	0.39

7. 声学定位系统

在海底地震勘探施工作业中，一般会用到超短基线声学定位系统和走航式的长基线声学定位系统。为了能够根据地震勘探设计把海洋节点或海底电缆精确地沉放到海底，在释放过程中，需要对海洋节点或海底电缆的位置利用超短基线声学定位系统进行实时定位，并实时调整释放工作。为了能够精确得到沉入海底后的海洋节点或海底电缆的确实空间位置，一般采用走航式的长基线声学定位方法。长基线声学定位系统是利用作业船上的声学数据采集系统与水底下的应答器之间的水声通信所得到的二点之间的距离之后，结合船上 GPS 的位置参数，进而得到应答器的空间坐标。该系统包括主控机、换能器、应答器、编程器等硬件(见图 2-14)和声学定位软件模块[73-75]。

1)超短基线声学定位系统

超短基线声学定位系统的声学水听器阵列被安置在一个封装好的声学发生器(声头)内，或用一个多水听器阵列代替单个水听器阵列整合到发生器内(声头)，如图 2-15 所示。发射换能器和几个水听器可以组成一个直径只有几厘米至几十厘米的水听器基阵，称为声头。声头可以安装在船体的底部，也可以悬挂于小型水面船的一侧。

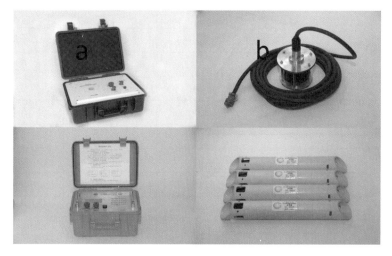

图 2-14　长基线声学定位系统组成

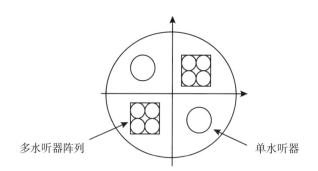

多水听器阵列　　　　　　　　　　单水听器

图 2-15　超短基线声学发生器阵列

　　在长基线声学定位系统中获得的是距离量测值，而超短基线系统用正弦波信号来量测接收器内的每个声学探头相对于参考探头的时间相位，如图2-16所示。探头之间的时间相位差通过信号之间相减得到，而它就相当于一个短基线系统。一个查询脉冲信号从船上的参考探头发出到海底的应答器，它会发送一个回应信号到参考探头。海底地震勘探综合导航系统提供了超短基线定位系统的接口，那么就可计算出海底声学应答器的真北方位和绝对位置。

　　有一些超短系统采用先进的波束转向技术来减低船载噪声的干扰。一般来说，声波发生器(声头)被安装在船上作为船体的一部分，允许低于船龙骨，并且远离充满气泡的水域(如螺旋桨附近)。

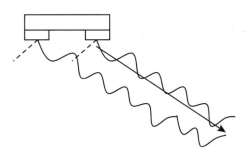

图 2-16 声学阵列相位测量示意图

超短基线声学系统一般用于目标跟踪(如遥控水下机器人)和船舶动态定位系统(DP 系统)的输入设备,但也能用于相对定位的工作方式。系统一经校准,就能很快应用于合理的重复性的声学定位工作。由于系统得到的是距离和方位观测值,它很容易受到声学波束弯曲的影响,导致获得的声波斜距使观测结果有几分米到几米的差异。

系统可以独立作为一个导航系统,或与其他导航系统一起组合成一个综合导航系统,以完成绝对位置定位的工作任务。

系统基本配置包括:安装于作业船上的显示和控制单元(甲板控制单元);侧安装在船身或船底的发送和跟踪声学信号的标准声波发生器(声头);安装在声头中的垂直参考设备(如姿态传感器);安置在海底电缆或海洋节点,遥控水下机器人、旁扫声呐拖鱼等设备中的应答器,如图 2-17 所示。

应答器:一种用于定位的无线电应答设备,在海底勘探中用于海洋节点或海底电缆的定位。一般地说,这是一种侦听一定频率信号并在接收到信号后回应的电子设备。

声头:用于发送和接收超短基线声学信号的传感器阵列。

最大的测距范围在 1500~3000m 之间,取决于所用的应答器和所要求的测量精度。

2)超短基线声学系统的校正

一个超短基线声学定位系统在出厂时已符合一定的合格性能指标,但还会存在系统误差。对于这些误差,我们可以根据误差来源分为以下几种类别:

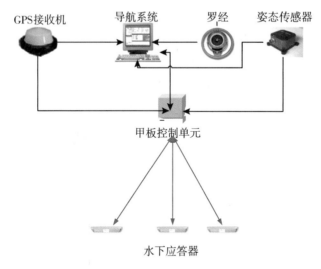

图 2-17　超短基线声学定位系统工作配置示意图

①比例误差；

②声速误差；

③测距指标误差；

④水平标志线对准误差；

⑤电罗经误差；

⑥声学探头对准误差；

⑦垂直对准误差；

⑧纵摇误差；

⑨横摇误差。

在进行超短基线声学定位系统的校正和作业操作中，应注意以下几点：

(1)一定要随时随地遵守厂家提供的安装手册。在校正之前，必须记录如 X、Y 方向上的偏移距离等参数。

(2)在对声学探头重新对准或重新安置时，需要重新校正超短基线声学定位系统。

8. 其他辅助设备

其他辅助设备包括导航定位数据采集服务器、GPS 地震采集同步控制器和综合导航工作站等。

系统各部分在海底勘探综合导航系统中的工作和作用总结如下：

（1）差分 GPS 系统，主要提供作业船参考点位置信息。

（2）测深仪，提供作业区域的水深数据及实时导航定位作业时的炮点或检波点的水深。

（3）电罗经，安装在作业船上，用于确定作业船的实时船艏向方位，以便计算作业船定位网络上的节点坐标信息。

（4）声学定位系统，主要通过声学换能器和应答器及定位软件模块来确定海底电缆沉放到海底后的空间位置。

（5）导航定位数据采集服务器，通过串口方式获取包括差分 GPS、测深仪、电罗经等导航定位设备的数据，并提交给综合导航软件。

（6）GPS 地震采集同步控制器，利用同步控制信号（如 TTL 电平）的触发与接收实现导航系统、地震仪器系统和枪控制系统之间的数据记录同步控制和采集。

（7）综合导航工作站及综合导航软件，实现海底地震勘探作业船只作业测线设计、导航定位系统设置、水深测量、放缆作业、声学定位作业、野外地震资料数据同步采集作业等导航定位作业任务，以及野外地震队的生产指挥与管理。

另外，综合导航系统还整合了多套无线通信电台，利用当前电子信息技术建立起作业船队的数据通信网络，实现可靠稳定的作业船之间数据和信息的实时发送和监控。

2.3.3 坐标系

为了研究海底电缆作业船只在作业生产时的运动状态，必须建立描述作业船只运动的坐标系或参考系，描述作业船只的空间位置、速度、加速度以及姿态等随时间变化的问题。所以，考虑到运动的相对性，对于运动学问题来说，参考系的选择可以不受限制，只需选择能够描述运动的参照基准，以方便问题的研究。

在研究作业船只的运动数学模型过程中，采用以下坐标系：

1. 地球中心固定（earth centered earth-fixed, ECEF）坐标系

为了描述地面物体目标的位置，建立的与地球体相固定的坐标系，即

地球中心固定坐标系。该坐标系有两种表达形式，即空间直角坐标系和大
地坐标系，如图 2-18 所示。空间直角坐标系的坐标原点位于参考椭球的中
心，Z 轴指向参考椭球的北极；X 轴指向起始子午面与赤道的交点；Y 轴位
于赤道面上，按右手系与 X 轴呈 90°夹角。大地坐标系是采用大地纬度、经
度和大地高程来描述空间位置的。纬度是空间的点与参考椭球面的法线与
赤道面的夹角；经度是空间的点与参考椭球的自转轴所在的面与参考椭球
的起始子午面的夹角；大地高程是空间的点沿着参考椭球的法线方向到参
考椭球面的距离[76]。

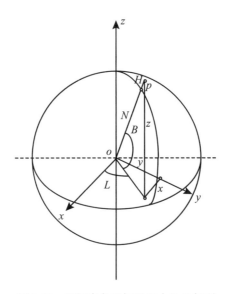

图 2-18　空间直角坐标系和大地坐标系

　　WGS-84(world geodetic system 1984)大地坐标系，可简称为 WGS-84 坐标
系。WGS-84 坐标系是地球中心固定坐标系的特例，是美国国防部确定的大地
坐标系，其采用的是 1984 年世界大地坐标系。

　　根据卫星大地测量数据建立的大地测量基准，是目前 GPS 系统所采用的
坐标系。GPS 卫星发布的星历就是基于此坐标系的，用 GPS 所测的地面点位，
如不经过坐标系的转换，也是此坐标系中的坐标。WGS-84 坐标系定义[77]见
表 2-6。

表 2-6   **WGS-84 坐标系定义**

坐标系类型	地球中心固定(earth centered earth-fixed, ECEF)坐标系
原点	地球质量中心
z 轴	指向国际时间局定义的 BIH1984.0 的协议地球北极
x 轴	指向 BIH1984.0 的起始子午线与赤道的交点
参考椭球	椭球参数采用 1979 年第 17 届国际大地测量与地球物理联合会推荐值
椭球长半径	$a = 6378137\text{m}$
椭球扁率	由相关参数计算的扁率：$\alpha = 1/298.257223563$

2. 投影坐标系

为了表示地球上一点的坐标，可以用经纬度，也可以用 X、Y、Z 来表示，而确定一个点的坐标，需要首先定一个坐标系，确定坐标系则需要参考椭球体和基准面，所以参考椭球体和基准面选择不同，就出现了不同的坐标系，比如 54 坐标系和 80 坐标系。另外，需要把空间的坐标经过一定的函数关系转化到平面上，由此出现了很多不同的投影方式，比如高斯-克吕格投影、兰伯特投影等，这些是我国常用的投影方式。

我国石油地震勘探资料还沿用采用高斯投影，中央子午线投影后长度不变，即投影比为 1。其他曲线的长度均变长，即投影比均大于 1。离中央子午线越远，长度变形越大。对于 6°带分带子午线，其最大相对变形量可达 1/730。

海洋石油地震勘探资料成果的最终坐标是平面直角坐标和基于某个高程基准面的高程，但在计算过程中，为了便于坐标系的转换，也要建立空间直角坐标和大地坐标。

3. 船体坐标系

在海洋石油勘探中，有时使用固定坐标系不够方便。例如，导航作业中，要描述作业船上具有空间位置意义的点位(如测深仪探头位置、RGPS 参考站位置及声学定位系统船载探头位置)等，习惯上采用它们在作业船上相对于某个参考中心位置的关系来描述，而且船体本身的实时姿态等，也需要采用方便的坐标系来描述。因此，要建立船体坐标系。

船体坐标系是一种常用的运动坐标系。该运动坐标系固定于船体上，随船运动，它的原点 O 可以取在作业船的重心处，或取在重心以外的点上。一般情况下，如图 2-19 所示，如果船体结构上是相对于轴对称的，则原点取在对称轴上；船体坐标系的坐标轴的方向与惯性主轴的方向一致。纵轴 OX 指向船艏向方向，取在纵向剖面内，平行于水平面；横轴 OY 指向右舷，取与纵向剖面垂直的方向，平行于水平面；垂直轴 OZ 则指向船底部方向，在纵向剖面内，与水平面垂直[78]。

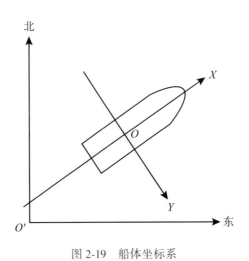

图 2-19　船体坐标系

2.4　误差分类及数据处理

海底电缆 OBC 地震勘探综合导航定位系统是一个多种类型的定位传感器集成的系统，其定位与导航的精度受作业船所用的 DGPS、电罗经、RGPS 及声学定位系统等设备精度以及定位导航数据处理方法影响。

野外地震勘探中存在的海洋环境噪声、工作环境条件及设备传感器安装等，也会给综合导航系统带来误差。本节将分析综合导航定位系统中存在的系统误差、偶然误差及其数据方法。

2.4.1　系统误差

系统误差是由固定或按一定变化规律引起的测量误差，其在大小、符号上表现出系统性。它可以用函数来表示。

海底电缆导航定位系统误差包括船上电罗经安装误差 σ_{Gyro}、运动姿态传感器安装误差 σ_{MRU}、换能器安装误差、声速测量误差、声速波长误差及声线弯曲(声速结构)引起的测距误差等。

(1)电罗经安装误差:电罗经安装在作业船时由于其基线与船中心线之间存在不平行性偏差,使得电罗经读数存在误差。

一般作业船电罗经的安装误差介于 0.5°~1.5°之间,对于 10m 偏心基线,其引起的定位网络节点计算的误差为 0.08~0.26m 之间。电罗经安装误差,由于其在野外不可量测,可以把它作为综合误差项的一个因素来进行考虑。

(2)运动姿态传感器安装误差:在完成对齐和安装姿态传感器后,为了能够输出相对于船参考框架正确的数据,必须对传感器进行校正。最好的校正是在船还在船坞时候进行,从而确定横摇和纵摇的修正值。为了计算横摇的偏差,计算的横摇和量测出的横摇必须进行比较。得出来的偏差必须输入软件中或者姿态传感器中。必须时刻知道传感器的精度和量测的精度。一般情况下,姿态传感器的安装误差大约在 0.1~0.3°之间。

(3)换能器安装误差:海底电缆 OBC 地震勘探中的声学定位系统通常采用单一波束的工作模式,其换能器的安装误差,可通过准确量取换能器的位置与船参考点的偏心参数而消除。

(4)声速测量误差:基于现在声速剖面仪的测量精度水平,声速测量精度可达 0.25m/s,约为海水平均声速的 0.02%。所以,从理论上讲,其与声学定位系统比较而言,其影响声学定位结果精度要小一个数量级,可以认为其不是影响海底电缆声学定位精度的主要误差因素;但地震勘探工区范围大、施工时间不确定,在施工区域确定声速是一项繁杂的工作。

(5)声速波长误差:由于由本身声学定位系统的设计参数和工艺指标所决定,也可以把它作为综合误差项的一个因素来进行考虑。

(6)声线弯曲引起的测距误差:其主要来源于水下定位应答器与作业船上换能器的与水平面的交角和水平距离,夹角越小,距离越大,声线弯曲影响越大[79,80]。

2.4.2 偶然误差

偶然误差,其大小和符号没有规律性,但对于大量误差的总体而言,其具有一定的统计规律。当观测值中已排除了系统误差的影响，或者与偶然误差相比之下已处于次要地位，则观测值中主要存在着偶然误差。在实际工作中，为了提高定位成果的质量，同时为了检查和及时发现观测值中是否存在错误或粗差，通常采用多余观测的方法来确定。通过多余观测必然会发现观测值之间的不一致性，或不符合应有关系[81,82]。所以，必须对这些带有偶然误差的观测值进行处理，得到消除了不符合应有关系的观测值后的结果，可以认为是观测量的可靠结果，并对这些结果进行精度评定。海底电缆 OBC 地震勘探导航定位中存在的主要偶然误差有 DGPS 观测值误差、RGPS 观测值误差、电罗经量测误差、声学定位系统测时误差等。

2.4.3 粗差探测法

在复杂的海洋环境下，在实际的野外作业过程中，由于存在海流等自然环境、环境噪声的影响以及定位传感器故障等原因，使得 GPS 定位设备、电罗经、RGPS 及声学定位系统等设备输出的导航定位观测值存在野值或粗差，需要采用一定的方法进行处理，否则将使导航定位结果受到严重的歪曲。

20 世纪 60 年代，荷兰巴尔达教授(Baarda)提出了用数据探测法来确定观测量中存在的粗差，从而改善数据测量的可靠性和准确性[83,84]。

设观测值为 l 的间接平差方程式为

$$V = B\hat{x} - l \tag{2-3}$$

对于上式的平差计算误差方程式，可以转化为下式：

$$V = B(\hat{x} - \tilde{x}) - (l - B\tilde{x}) \tag{2-4}$$

并存在如下式最优估计参数和改正数公式：

$$\hat{x} = (B^{T}PB)^{-1}B^{T}Pl$$
$$\Delta = B\tilde{x} - l \tag{2-5}$$

代入式(2-3)，得

$$\begin{aligned} V &= B((B^{T}PB)^{-1}B^{T}Pl - (B^{T}PB)^{-1}B^{T}PB\tilde{x}) + \Delta \\ &= B((B^{T}PB)^{-1}B^{T}P(l - \tilde{x})) + \Delta \\ &= (I - B(B^{T}PB)^{-1}B^{T}P)\Delta \\ &= R\Delta \end{aligned} \tag{2-6}$$

其中，$\boldsymbol{R}$ 是一个常数矩阵，两边求数学期望的得

$$E(\boldsymbol{V}) = \boldsymbol{R}E(\Delta) \tag{2-7}$$

当观测数据中不存在粗差时，$E(\Delta) = 0$，那么 $E(\boldsymbol{V}) = 0$。观测值改正数 V 是 Δ 的线性函数，V 与 Δ 的概率分布相同，且为偶然误差，其数学期望为 0。方差 $D(V) = \sigma_0^2 Q_{VV}$。

若观测值不存在粗差，也即假设 H_0：$E(V_i) = 0$。顾及 $V_i \sim N(0, \sigma_0 Q_{v_i v_i})$，于是构造服从于标准正态分布统计量

$$u = \frac{V_i}{\sigma_0 \sqrt{Q_{v_i v_i}}} = \frac{V_i}{\sigma_{v_i}} \tag{2-8}$$

作正态 μ 检验，如果

$$|u| > u_{\frac{\alpha}{2}}$$

则否定假设 H_0：$E(V_i) = 0$，也即 $E(V_i) \neq 0$。观测值中存在粗差。

2.4.4　多项式拟合粗差探测

多项式拟合是求近似函数的一类数值方法，它不要求近似函数在每个节点处与函数值相同，只要求其尽可能地反映给定数据点的基本趋势以及某种意义上的无限"逼近"。在需要对一组数据进行处理、筛选时，往往会选择合理的数值方法，而多项式在实际应用中也备受青睐。采用多项式拟合处理数据时，通常会采用基于残差的平方和最小的准则选取拟合多项式系数[85]。

假设给定数据点 (x_i, y_i)，$i = 0, 1, \cdots, m$，Φ 为所有次数不超过 $n(n \leqslant m)$ 的多项式构成的函数类，现求一 $p_n(x) = \sum_{k=0}^{n} a_k x^k \in \Phi$，使得

$$I = \sum_{i=0}^{m} [p_n(x_i) - y_i]^2 = \sum_{i=0}^{m} \left(\sum_{k=0}^{n} a_k x_i^k - y_i \right)^2 = \min \tag{2-9}$$

当拟合函数为多项式时，称为多项式拟合，满足式（2-9）的 $p_n(x)$ 称为最小二乘拟合多项式。

在实际应用中，$n \leqslant m$；当 $n = m$ 时所得的拟合多项式就是拉格朗日或牛顿插值多项式。

由最小二乘法来拟合多项式曲线，根据残差值和中误差的比例关系，即可确定各观测值的权。利用计算的残差值和权值，反复迭代计算，直到曲线系数收敛，权为零的认为是粗差。修改定权方案，以 3 倍中误差为界限，筛

选粗差更有效。如图 2-20 所示，对 RGPS 距离观测值利用拟合多项式曲线进行粗差探测，取得了比较好的效果。

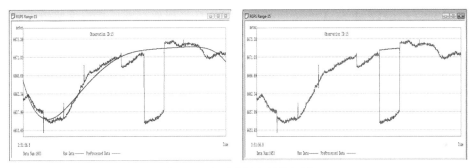

图 2-20　多项式拟合粗差探测

2.4.5　中位数梯度滤波

中位数，是一个样本数据体的位置平均数。对于有限的观测数据集，可以通过把所有观测值高低排序，找出正中间的一个作为中位数。如果观测值有偶数个，则中位数不唯一，通常取最中间的两个数值的平均数作为中位数。其计算公式如下：

$$M_e = X_L + \frac{\frac{\sum f}{2} - S_{m-1}}{f_m} \times i \qquad (2\text{-}10)$$

其中，X_L——中位数所在组下限；

f——各组次数；

S_{m-1}——中位数所在组前面各组累计次数；

i——中位数所在组的组距；

f_m——中位数所在组的次数。

然后计算前后两组样本组之间的中位数梯度

$$\mathrm{d}x = \frac{x_{i+1} - x_i}{t_{i+1} - t_i} \qquad (2\text{-}11)$$

其中，x_i，x_{i+1}——前后两样本组中位数。

t_i，t_{i+1}——相应的数据历元时刻。

若 dx 也较大，超过设定限值，则认为存在异常值，需要进行剔除或滤波处理；若 dx 较小，则认为观测值中没有异常值。

分析作业船只在作业过程中保持近似直线的航线，则实际每一个由差分 GPS 位置输出数据的位置更新均具有近似于一个稳定常数的梯度变化。为了保证参与作业导航定位计算的观测值数据不存在粗差，不会导致卡尔曼滤波器不正常工作，可将参与滤波的样本数据的中位数的梯度变化率的稳定性作为评判依据，对将要参与滤波更新的观测值进行预处理或剔除，如图 2-21 所示。

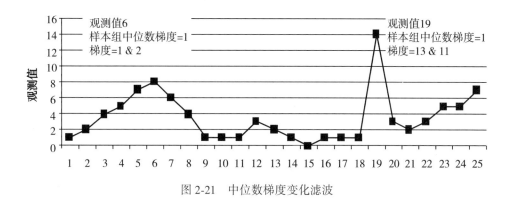

图 2-21 中位数梯度变化滤波

利用滤波方法对作业船只电罗经数据进行处理，如图 2-22 所示，剔除了观测数据中存在的粗差，使得数据更平稳。

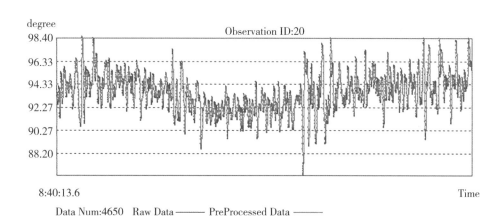

图 2-22 电罗经数据中位数梯度滤波效果

2.4.6　卡尔曼滤波参数估计[86]

卡尔曼滤波技术是一种处理动态定位数据的有效手段，它可以显著改善动态定位的点位精度。为了得到精确可靠且平滑的导航作业船实际实时位置，卡尔曼滤波计算方法被应用到 OBC 地震勘探生产管理与综合导航系统实时导航定位中。

在用 GPS 定位信息和电罗经等来确定作业船只定位网络网点的实时位置时，点位及姿态信息是一个一个输入到导航系统中的。对于一个依时间序列的离散随机动态系统，它的动态模型为

$$X_k = \boldsymbol{\phi}_{k,k-1} X_{k-1} + \boldsymbol{\Gamma}_{k-1} W_{k-1} \qquad （状态方程） \qquad (2\text{-}12)$$

而相应的量测方程为

$$\boldsymbol{Z}_k = \boldsymbol{H}_k X_k + V_k \qquad （量测方程） \qquad (2\text{-}13)$$

式中，X_k —— t_k 时刻描述作业船运动的系统状态；

$\quad\quad$ W_k，V_k ——零均值白噪声序列，有时将 W_k 称为处理噪声，V_k 称为测量噪声；

$\quad\quad$ $\boldsymbol{\phi}_{k,k-1}$ ——系统状态的转移矩阵；

$\quad\quad$ $\boldsymbol{\Gamma}_{k-1}$ ——系统动态噪声干扰矩阵；

$\quad\quad$ $\boldsymbol{H}_k$ ——滤波系统量测系数矩阵；

$\quad\quad$ $\boldsymbol{Z}_k$ ——系统观测向量。

式(2-12)及式(2-13)为卡尔曼滤波基本公式。

OBC 地震勘探生产管理与综合导航系统采用卡尔曼滤波技术来计算所有导航网点的实时位置和实际放炮时刻的预测[87]。

在 OBC 地震勘探生产管理与综合导航系统中，利用 GPS 等一系列设备，跟踪航行中的作业船只，采集作业船只的部分离散位置数据经处理后，在极短的时间内获得作业船只的位置。通常这些设备只能获得目标的位置数据，而卡尔曼滤波器通过递推算法，就能获得作业船只轨迹模型的其他参数。

2.4.7　稳健估计

虽然经过粗差探测的方法移去了观测过程中可能出现的错误值，但是误差在上述允许值范围内的观测值，即使存在一定的粗差，系统也予以保留参与计

算。这些误差并不服从正态分布，采用传统的最小二乘方法将导致待估计参数严重失真，故要削弱不服从正态分布的误差对系统计算的影响，就必须采用稳健估计理论。稳健估计也称为抗差估计[100]，使观测值存在的粗差对估计结果的影响降低到极其微弱，它的理论是建立在符合观测数据的实际分布模式上的，根据逐次迭代平差的结果来不断地改变观测值的权或方差，最终使含有粗差的观测值的权趋于零或方差趋于无穷大，使其在平差中不起作用[101]。

设有观测误差方程式

$$V = BX - l \qquad (2\text{-}14)$$

令各观测值的初始权为 1，经过最小二乘估计后得到

$$X = (B^{\mathrm{T}}PB)^{-1}B^{\mathrm{T}}Pl \qquad (2\text{-}15)$$

$$\sigma_0^2 = \frac{l^{\mathrm{T}}Pl - (B^{\mathrm{T}}Pl)^{\mathrm{T}}X}{n - 2} \qquad (2\text{-}16)$$

理论上，改正数较大的观测值精度较低，应降低其参与估计得权重，削弱其对待估参数的影响。在第二次平差时，各观测值的权将是其第一次得到的改正数的函数，定义如下：

$$P(v) = \begin{cases} 1, & |v| < 2\hat{\sigma}_0 \\ \dfrac{2\hat{\sigma}_0}{|v|}, & |v| < 2\hat{\sigma}_0 \end{cases} \qquad (2\text{-}17)$$

以上述函数确定的权矩阵 P 进行第二次平差，得到

$$V = BX - l$$

$$Q_X = (B^{\mathrm{T}}PB)^{-1}$$

$$X = Q_X B^{\mathrm{T}}Pl$$

$$\sigma_0^2 = \frac{l^{\mathrm{T}}Pl - (B^{\mathrm{T}}Pl)^{\mathrm{T}}X}{n - 2}$$

如此 k 次迭代，直到前后两次解的差值符合限差，最后结果为

$$X^{(k)} = [B^{\mathrm{T}}P^{(k-1)}B]^{-1}B^{\mathrm{T}}P^{(k-1)}l \qquad (2\text{-}18)$$

$$V^{(k)} = BX^{(k-1)} - l \qquad (2\text{-}19)$$

2.5 定位方法与精度评定

海底电缆地震勘探对于导航定位技术的要求一般包括：能够对作业船航

行进行实时的导航监控；能够把采集设备放在指定位置，并确定采集检波器沉入海底后的坐标；能够测定检波点的海底高程；能够做到同步放炮、同步导航控制、同步地震资料记录；能够进行统一的生产组织和 HSE 监控。海底电缆勘探测量施工作业船只，按其工作任务的不同，可分为放缆船、定位船、震源船及仪器船等，不同作业船只的导航定位传感器相互关系如图 2-23 所示。不同功能任务的作业船只，其所需的导航定位方式也不同，可以分为作业船参考点定位、海底电缆检波点定位和震源激发时刻震源激发点定位三种。

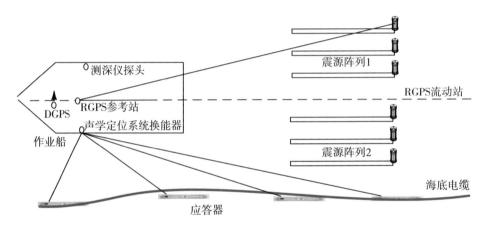

图 2-23　导航定位传感器相互关系

根据前文中海底电缆地震勘探中存在的误差及数据处理讨论，为提高海底电缆 OBC 地震勘探导航定位系统的精度，就必须尽可能地减少各种误差对定位精度的影响。下面，通过假设影响海底电缆导航定位精度的各个误差是相互独立的条件下，对海底电缆地震勘探过程中的作业船位置、海底电缆检波点及震源阵列激发点的导航定位方法及精度评定进行全面分析。

2.5.1　作业船参考点定位

勘探作业船上导航定位设备的安装位置如图 2-24 所示，设作业船上 DGPS 提供的实时坐标为（x_{gps}，y_{gps}），其相对于作业船的偏心参数为（Δx_{gps}，Δy_{gps}），作业船的航向为电罗经读数 α。

那么，作业船参考点的坐标可以表示为

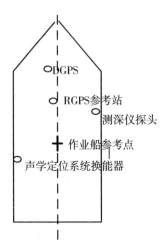

图 2-24　作业船导航定位设备安装位置

$$\begin{bmatrix} x \\ y \end{bmatrix} = \begin{bmatrix} x_{\text{gps}} \\ y_{\text{gps}} \end{bmatrix} + \begin{bmatrix} -\sin\alpha & \cos\alpha \\ \cos\alpha & \sin\alpha \end{bmatrix} \begin{bmatrix} \Delta x_1 \\ \Delta y_1 \end{bmatrix} \qquad (2\text{-}20)$$

对该非线性方程组求全微分得

$$\mathrm{d}x = \left(\frac{\delta f_1}{\delta x_{\text{gps}}}\right)_0 \mathrm{d}x_{\text{gps}} + \left(\frac{\delta f_1}{\delta \alpha}\right)_0 \frac{\mathrm{d}\alpha}{\rho}$$

$$\mathrm{d}y = \left(\frac{\delta f_2}{\delta y_{\text{gps}}}\right)_0 \mathrm{d}y_{\text{gps}} + \left(\frac{\delta f_2}{\delta \alpha}\right)_0 \frac{\mathrm{d}\alpha}{\rho} \qquad (2\text{-}21)$$

即有

$$\mathrm{d}x = \mathrm{d}x_{\text{gps}} - \frac{(\Delta x_1 \cos\alpha + \Delta y_1 \sin\alpha)}{\rho}\mathrm{d}\alpha$$

$$\mathrm{d}y = \mathrm{d}y_{\text{gps}} - \frac{(\Delta x_1 \sin\alpha - \Delta y_1 \cos\alpha)}{\rho}\mathrm{d}\alpha \qquad (2\text{-}22\text{a})$$

写成矩阵形式有

$$\begin{bmatrix} \mathrm{d}x \\ \mathrm{d}y \end{bmatrix} = \begin{bmatrix} 1 & 0 & -\dfrac{(\Delta x_1 \cos\alpha + \Delta y_1 \sin\alpha)}{\rho} \\ 0 & 1 & -\dfrac{(\Delta x_1 \sin\alpha - \Delta y_1 \cos\alpha)}{\rho} \end{bmatrix} \begin{bmatrix} \mathrm{d}x_{\text{gps}} \\ \mathrm{d}y_{\text{gps}} \\ \mathrm{d}\alpha \end{bmatrix} \qquad (2\text{-}22\text{b})$$

根据协方差传播定律,则得作业船参考点的精度评定协方差阵计算公式为

$$D_{VV} = \begin{bmatrix} 1 & 0 & -\dfrac{(\Delta x_1 \cos\alpha + \Delta y_1 \sin\alpha)}{\rho} \\ 0 & 1 & -\dfrac{(\Delta x_1 \sin\alpha - \Delta y_1 \cos\alpha)}{\rho} \end{bmatrix} D_{XX} \begin{bmatrix} 1 & 0 & -\dfrac{(\Delta x_1 \cos\alpha + \Delta y_1 \sin\alpha)}{\rho} \\ 0 & 1 & -\dfrac{(\Delta x_1 \sin\alpha - \Delta y_1 \cos\alpha)}{\rho} \end{bmatrix}^{\mathrm{T}}$$

$$(2\text{-}23)$$

其中,D_{VV}——作业船参考点位置的协方差阵;

D_{XX}——差分 GPS 和电罗经观测值协方差阵,根据如前系统组成章节部分所述 GPS 和电罗经精度可确定。

故作业船参考点坐标(x,y)的协方差阵为

$$\begin{bmatrix} \sigma_x^2 & \sigma_{xy} \\ \sigma_{yx} & \sigma_y^2 \end{bmatrix} = \begin{bmatrix} 1 & 0 & -\left(\dfrac{\Delta x_1 \cos\alpha + \Delta y_1 \sin\alpha}{\rho}\right) \\ 0 & 1 & -\left(\dfrac{\Delta x_1 \sin\alpha - \Delta y_1 \cos\alpha}{\rho}\right) \end{bmatrix} \begin{bmatrix} \sigma_{\mathrm{gps\_x}}^2 & \sigma_{\mathrm{gps\_xgps\_y}} & 0 \\ \sigma_{\mathrm{gps\_ygps\_x}} & \sigma_{\mathrm{gps\_y}}^2 & 0 \\ 0 & 0 & \sigma_{\alpha}^2 \end{bmatrix}$$

$$\begin{bmatrix} 1 & 0 & -\left(\dfrac{\Delta x_1 \cos\alpha + \Delta y_1 \sin\alpha}{\rho}\right) \\ 0 & 1 & -\left(\dfrac{\Delta x_1 \sin\alpha - \Delta y_1 \cos\alpha}{\rho}\right) \end{bmatrix}^{\mathrm{T}}$$

$$(2\text{-}24)$$

经整理可得

$$\sigma_x^2 = \sigma_{\mathrm{gps\_x}}^2 + \left(\frac{\Delta x_1 \cos\alpha + \Delta y_1 \sin\alpha}{\rho}\right)^2 \sigma_{\alpha}^2 \qquad (2\text{-}25)$$

$$\sigma_y^2 = \sigma_{\mathrm{gps\_y}}^2 + \left(\frac{\Delta x_1 \sin\alpha - \Delta y_1 \cos\alpha}{\rho}\right)^2 \sigma_{\alpha}^2 \qquad (2\text{-}26)$$

$$\sigma_{xy} = \sigma_{\mathrm{gps\_xgps\_y}} + \frac{1}{\rho^2}(\Delta x_1 \cos\alpha + \Delta y_1 \sin\alpha)(\Delta x_1 \sin\alpha - \Delta y_1 \cos\alpha)\sigma_{\alpha}^2$$

$$(2\text{-}27)$$

2.5.2 电缆检波点定位

海底电缆中内置了水声应答器,以便在海底电缆声学定位过程中通过测定作业船上声学换能器与水声应答器的距离,最终确定海底电缆沉放到海底

的空间位置。应用差分 GPS 定位技术测定作业船换能器的空间位置时，可同步测量作业船上声学换能器与水声应答器的距离。在此，作业船差分 GPS 的观测与水声应答器的观测必须是同步的。

如图 2-25 所示，作业船在水面上航行时，在不同位置、不同时刻船载换能器向水下海底电缆上的多个应答器发射声学信号，可以获得对应的声线传播时间 t，在测区施测一组或多组声速剖面，可获得测区的声速变化信息 c，结合船载 GPS、姿态角及航向，可获得船体换能器在 WGS-84 坐标系下的三维坐标 (X, Y, Z)。利用以上观测量，可以构建平差模型，进行距离交会定位，求解海底应答器的位置。

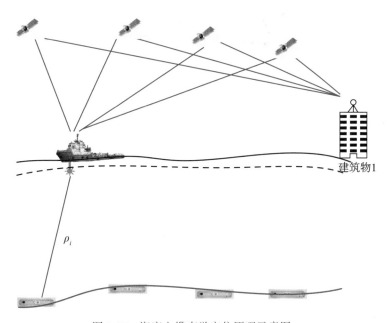

图 2-25　海底电缆声学定位原理示意图

1. 换能器三维坐标确定

首先，利用基准站接收机和流动站接收机接收到的数据开展实时动态解算，获得流动站接收机天线相位中心在 WGS-84 坐标系中的坐标 $(X, Y, Z)_{\mathrm{GPS}}$。

然后，借助姿态数据，将 GPS 天线相位中心的三维坐标归位改正到换能器处得到换能器的三维坐标，如图 2-26 所示。

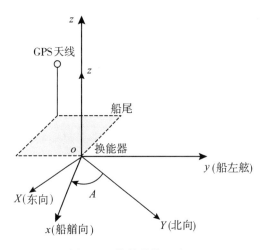

图 2-26　换能器偏心改正

$$\begin{bmatrix} \Delta X \\ \Delta Y \\ \Delta Z \end{bmatrix}_{at} = \boldsymbol{R}(A, \ P, \ B) \begin{bmatrix} \Delta x \\ \Delta y \\ \Delta z \end{bmatrix}_{at} \tag{2-28}$$

式中，$\boldsymbol{R}(A, \ P, \ B)$ ——旋转矩阵，其具体形式为

$\boldsymbol{R}(A, \ P, \ B) = R_3(A - 90°) R_2(P) R_1(R)$

$$= \begin{bmatrix} \sin A & -\cos A & 0 \\ \cos A & \sin A & 0 \\ 0 & 0 & 1 \end{bmatrix} \begin{bmatrix} \cos P & 0 & -\sin P \\ 0 & 1 & 0 \\ \sin P & 0 & \cos P \end{bmatrix} \begin{bmatrix} 1 & 0 & 0 \\ 0 & \cos R & -\sin R \\ 0 & \sin R & \cos R \end{bmatrix} \tag{2-29}$$

根据上式可求出海底电缆声学定位船载换能器中心辐射面与 GPS 天线相位中心不一致所引起的动态偏心改正公式。

经过姿态改正后的 GPS 天线中心至换能器的动态垂直高度 $h_a = -\Delta Z_{at}$。

则换能器的三维坐标为

$$\begin{bmatrix} X \\ Y \\ Z \end{bmatrix}_T = \begin{bmatrix} X \\ Y \\ Z \end{bmatrix}_{GPS} - \begin{bmatrix} \Delta X \\ \Delta Y \\ \Delta Z \end{bmatrix}_{at} \tag{2-30}$$

2. 距离交会定位

如图 2-27 所示，船载换能器到水下海底电缆应答器间的声学距离为野外作业所采集的观测值，则观测方程为

$$\rho_{sko} = f(p_o, p_k) + \delta\rho_{ko} \tag{2-31}$$

$$\delta\rho_{ko} = \delta\rho_{dsko} + \delta\rho_{vsko} + \varepsilon_{ko} \tag{2-32}$$

式中，ρ_{sko}——常数项，为船载换能器在 k 时刻到水下海底电缆应答器间的观测距离，可通过声线跟踪或 harmonic 平均声速乘上声线传播时间得到；

$f(p_o, p_k)$——换能器初始位置到水下应答间的几何距离；

$\delta\rho_{ko}$——测距误差，由船体换能器到应答器之间的时间延迟产生的系统误差 $\delta\rho_{dsko}$、声速结构变化引起的系统误差 $\delta\rho_{vsko}$、随机误差 ε_{ko} 组成。

对上式进行线性化，可得

$$\rho_{sko} - f(p_o^0, p_k) = a_{sko}\mathrm{d}p_o + \delta\rho_{ko} + b_{sko}\mathrm{d}p_k \tag{2-33}$$

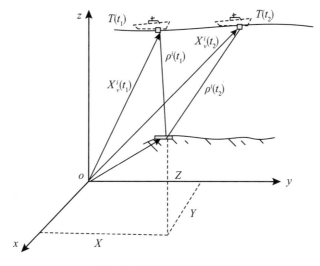

图 2-27 距离交会定位原理

式中，a_{sko}——$f(p_o^0, p_k)$ 在 k 时刻对水下应答器位置的一次导数系数；

b_{sko}——$f(p_o^0, p_k)$ 在 k 时刻对船载换能器位置的一次导数系数；

$\mathrm{d}p_k$——船载换能器在 k 时刻的位置误差，若 GPS 定位精度较高，经过姿态改正后，船载换能器的位置误差的影响可以忽略，即 $b_{sko}\mathrm{d}p_k \approx 0$。

$$\boldsymbol{p}_o = \begin{bmatrix} x_o \\ y_o \\ z_o \end{bmatrix}, \quad \boldsymbol{p}_k = \begin{bmatrix} x_k \\ y_k \\ z_k \end{bmatrix}, \quad \mathrm{d}\boldsymbol{p}_o = \begin{bmatrix} \mathrm{d}x_o \\ \mathrm{d}y_o \\ \mathrm{d}z_o \end{bmatrix}, \quad \mathrm{d}\boldsymbol{p}_k = \begin{bmatrix} \mathrm{d}x_k \\ \mathrm{d}y_k \\ \mathrm{d}z_k \end{bmatrix} \quad (2\text{-}34)$$

$$a_{sko} = \left(\frac{\partial f_k}{\partial x_o}, \ \frac{\partial f_k}{\partial y_o}, \ \frac{\partial f_k}{\partial z_o} \right), \quad b_{sko} = \left(\frac{\partial f_k}{\partial x_k}, \ \frac{\partial f_k}{\partial y_k}, \ \frac{\partial f_k}{\partial z_k} \right) \quad (2\text{-}35)$$

$$f(p_o^0, \ p_k) = \sqrt{(x_k - x_o^0)^2 + (y_k - y_o^0)^2 + (z_k - z_o^0)^2} \quad (2\text{-}36)$$

$$\frac{\partial f_k}{\partial x_o} = -\frac{\partial f_k}{\partial x_k} = \frac{x_o^0 - x_k}{f(p_o^0, \ p_k)}, \quad \frac{\partial f_k}{\partial y_o} = \frac{\partial f_k}{\partial y_k} = \frac{y_o^0 - y_k}{f(p_o^0, \ p_k)}, \quad \frac{\partial f_k}{\partial z_o} = \frac{\partial f_k}{\partial z_k} = \frac{z_o^0 - z_k}{f(p_o^0, \ p_k)}$$
$$(2\text{-}37)$$

可根据式(2-30)~式(2-33)建立间接平差模型。设船体在 n 个时刻采样了 n 个航迹点，到每一个水下应答器有 n 个观测距离，必要观测量 $t = 3$，故多余观测量 $r = n - t$。误差方程为

$$\rho_{sko} - f(\boldsymbol{p}_o^0, \ \boldsymbol{p}_k) = \frac{\partial f_k}{\partial x_o^0}\hat{x} + \frac{\partial f_k}{\partial y_o^0}\hat{y} + \frac{\partial f_k}{\partial z_o^0}\hat{z} + v_k \quad (2\text{-}38)$$

$(x_o^0, \ y_o^0, \ z_o^0)$ 为应答器的初始值，可由三点交会定位得到，进行迭代，直到应答器的位置改正量小于所取界限。将上式写成矩阵形式，即

$$\boldsymbol{V} = \boldsymbol{B}\hat{\boldsymbol{p}} - \boldsymbol{l} \quad (2\text{-}39)$$

其中，

$$\boldsymbol{V} = \begin{bmatrix} v_1 & v_2 & \cdots & v_k & \cdots & v_{n-1} & v_n \end{bmatrix}^{\mathrm{T}}$$

$$\boldsymbol{B} = \begin{bmatrix} \dfrac{\partial f_1}{\partial x_o} - \dfrac{\partial f_2}{\partial x_o} & \dfrac{\partial f_1}{\partial y_o} - \dfrac{\partial f_2}{\partial y_o} & \dfrac{\partial f_1}{\partial z_o} - \dfrac{\partial f_2}{\partial z_o} \\ \vdots & \vdots & \vdots \\ \dfrac{\partial f_{i-1}}{\partial x_o} - \dfrac{\partial f_i}{\partial x_o} & \dfrac{\partial f_{i-1}}{\partial y_o} - \dfrac{\partial f_i}{\partial y_o} & \dfrac{\partial f_{i-1}}{\partial z_o} - \dfrac{\partial f_i}{\partial z_o} \\ \vdots & \vdots & \vdots \\ \dfrac{\partial f_{n-1}}{\partial x_o} - \dfrac{\partial f_n}{\partial x_o} & \dfrac{\partial f_{n-1}}{\partial y_o} - \dfrac{\partial f_n}{\partial y_o} & \dfrac{\partial f_{n-1}}{\partial z_o} - \dfrac{\partial f_n}{\partial z_o} \end{bmatrix}$$

$$\boldsymbol{l} = \begin{bmatrix} l_1 & l_2 & \cdots & l_k & \cdots & l_{n-1} & l_n \end{bmatrix}^{\mathrm{T}}$$

$$l_k = \rho_{sko} - f(p_o^0, \ p_k)$$

根据最小二乘准则，可得

$$\hat{\boldsymbol{p}} = (\boldsymbol{B}^{\mathrm{T}}\boldsymbol{PB})^{-1}\boldsymbol{B}^{\mathrm{T}}\boldsymbol{Pl} \tag{2-40}$$

$$\hat{\sigma}_0 = \sqrt{\frac{\boldsymbol{V}^{\mathrm{T}}\boldsymbol{PV}}{n-3}} \tag{2-41}$$

$$\hat{\boldsymbol{Q}}_{pp} = (\boldsymbol{B}^{\mathrm{T}}\boldsymbol{PB})^{-1} \tag{2-42}$$

式中，$\hat{\boldsymbol{p}} = [\hat{x} \quad \hat{y} \quad \hat{z}]$；

$\boldsymbol{P}$——对角权阵，对角线上的权取为相应观测距离的倒数；

$\hat{\sigma}_0$——单位权方差；

$\hat{\boldsymbol{Q}}_{pp}$——协因数阵。

2.5.3 震源激发点定位

在震源船中，差分 GPS 系统、电罗经、RGPS 系统及测深系统在船体坐标系统中的相对关系如图 2-28 所示。

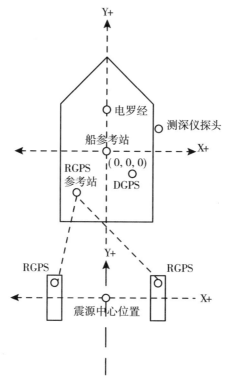

图 2-28　震源船定位网络与计算

作业船的姿态方位由船上电罗经测定，定位网络其他各点(主导航 DGPS 点、震源中心点、测深探头点)到作业船参考点相互关系(偏移距离)是已知数据，也叫做作业船定位网络节点参数，运用初等函数关系可推算出这些点的坐标。

各种相互计算关系如下：

(1)由差分 GPS 给出作业船参考中心点的位置；

(2)由作业船参考中心点坐标、电罗经及船上各点的相互关系(作业船定位网络节点参数)，实时推算出船上各有关点的坐标。

(3)根据船上有关各点坐标及 RGPS 系统给出距离和方位观测值，推算实时震源阵列中心的精确位置。

海底电缆地震勘探最终需要的是激发时刻震源阵列中心和每个检波点的位置，而激发时刻往往不一定与 DGPS 输出的天线相位中心位置的时刻及 RGPS 设备输出的数据观测值的观测时刻同步，因此，还需要把所有的成果归化到同一时刻，也就是激发的时刻，才能进行计算和处理，如图 2-29 所示。

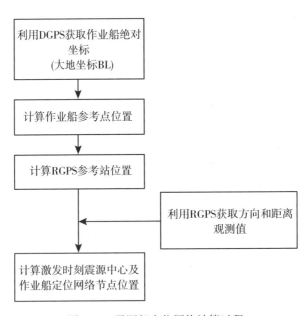

图 2-29　震源船定位网络计算过程

　　海上地震勘探震源阵列可由6个枪体组成(如图2-30所示)，每个枪体上装有 RGPS，则 RGPS 系统给出的观测值为(S_{ri}，α_{ri})，$i = 1，2，\cdots，6$。

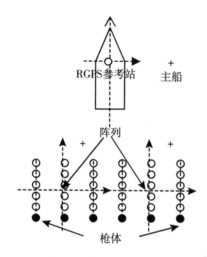

图 2-30　作业船震源阵列

　　若作业船上 RGPS 参考站坐标为(x_{ref}，y_{ref})，而每个枪体 RGPS 坐标 (x_{ri}，y_{ri})为

$$x_{ri} = x_{\mathrm{ref}} + s_{ri} \times \cos\alpha_{ri}，\quad y_{ri} = y_{\mathrm{ref}} + s_{ri} \times \sin\alpha_{ri} \tag{2-43}$$

对上式取全微分得

$$\mathrm{d}x_{ri} = \cos\alpha_{ri}\mathrm{d}s_{ri} - s_{ri}\sin\alpha_{ri}\frac{\mathrm{d}\alpha_{ri}}{\rho}$$

$$\mathrm{d}y_{ri} = \sin\alpha_{ri}\mathrm{d}s_{ri} + s_{ri}\cos\alpha_{ri}\frac{\mathrm{d}\alpha_{ri}}{\rho}$$

上式写成矩阵形式为

$$\begin{bmatrix} \mathrm{d}x_{ri} \\ \mathrm{d}y_{ri} \end{bmatrix} = \begin{bmatrix} \cos\alpha_{ri} & \dfrac{-s_{ri}}{\rho}\sin\alpha_{ri} \\ \sin\alpha_{ri} & \dfrac{s_{ri}}{\rho}\cos\alpha_{ri} \end{bmatrix} \begin{bmatrix} \mathrm{d}s_{ri} \\ \mathrm{d}\alpha_{ri} \end{bmatrix} \tag{2-44}$$

故震源阵列上单个枪体 RGPS 坐标的协方差阵为

$$\begin{bmatrix} \sigma_{x_{ri}}^2 & \sigma_{x_{ri}y_{ri}} \\ \sigma_{y_{ri}x_{ri}} & \sigma_{y_{ri}}^2 \end{bmatrix} = \begin{bmatrix} \cos\alpha_{ri} & \dfrac{-s_{ri}}{\rho}\sin\alpha_{ri} \\ \sin\alpha_{ri} & \dfrac{s_{ri}}{\rho}\cos\alpha_{ri} \end{bmatrix} \begin{bmatrix} \sigma_{s_{ri}}^2 & \sigma_{s_{ri}\alpha_{ri}} \\ \sigma_{\alpha_{ri}s_{ri}} & \sigma_{\alpha_{ri}}^2 \end{bmatrix} \begin{bmatrix} \cos\alpha_{ri} & \dfrac{-s_{ri}}{\rho}\sin\alpha_{ri} \\ \sin\alpha_{ri} & \dfrac{s_{ri}}{\rho}\cos\alpha_{ri} \end{bmatrix}^{\mathrm{T}}$$

$$(2\text{-}45)$$

式中，$\sigma_{s_{ri}}^2$，$\sigma_{\alpha_{ri}}^2$——单个 RGPS 距离和方位观测值得协方差阵系数，根据如前系统组成章节部分所述其可由 RGPS 的设备精度可确定。

若震源阵列中心坐标为 $(x_g，y_g)$，枪体 RGPS 相对其坐标偏移量为 $(\Delta X_{gi}，\Delta Y_{gi})$，那么，而最终的震源阵列中心位置 $(x_g，y_g)$ 可由下式得到：

$$x_g = \frac{1}{n}\sum_{i=1}^{n}(x_{ri} - \Delta X_{gi})$$

$$(2\text{-}46)$$

$$y_g = \frac{1}{n}\sum_{i=1}^{n}(y_{ri} - \Delta Y_{gi})$$

根据协方差传播定律，可得

$$\sigma_{x_g}^2 = \frac{1}{n^2}(\sigma_{x_{1i}}^2 + \sigma_{x_{2i}}^2 + \cdots + \sigma_{x_{ni}}^2)$$

$$(2\text{-}47)$$

$$\sigma_{y_g}^2 = \frac{1}{n^2}(\sigma_{y_{1i}}^2 + \sigma_{y_{2i}}^2 + \cdots + \sigma_{y_{ni}}^2)$$

$$(2\text{-}48)$$

以上模型是基于震源阵列为刚体给出的，为了获得震源阵列的实时空间状态，可借助经过卡尔曼滤波计算震源阵列中心的 4 个状态参数 $(x_g、y_g、v_{x\text{-}g}$ 和 $v_{y\text{-}g})$ 来描述，震源阵列上的其他节点位置可由这 4 个参量结合各节点与震源阵列中心的坐标偏移值来确定。

利用上述模型和野外实际距离和方位观测量，分别给出了海上地震勘探左舷、右舷阵列中心的位置以及二者的相对空间距离，如图 2-31 所示。可以看出，左舷和右舷轨迹间距基本相等，变化幅度为 2~3m，低于 RGPS 定位精度（±1m），但基本反映了两个震源阵列间扩展间距变化的实际。

2.5.4   提高导航定位精度的措施

（1）尽可能使用高精度的差分 GPS、电罗经及 RGPS 等导航定位设备，减少由于设备本身精度带来的误差影响。

（2）提高设备安装及校准精度，严格遵循设备校准程序进行操作。

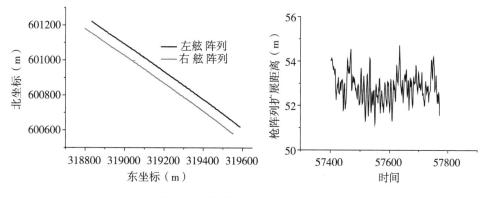

图 2-31　震源阵列空间位置及间距

（3）研究导航定位模型函数及声学定位模型，考虑具体作业环境对导航定位精度的影响，给出具体的数据处理策略，提高作业船、海底电缆及震源阵列的定位精度。

（4）声线弯曲引起的测距误差由于海上作业区域的不同、不同季节与时间及水下目标的深度不同而不同。非常有必要根据声速剖面仪提供的声速变化对声线进行改正，以减少声线弯曲给定位带来的误差影响。

2.6　本章小结

首先，介绍了海底电缆地震勘探的基本原理及对综合导航系统的要求；其次，根据这些要求，介绍了海底电缆勘探导航定位系统组成、工作原理及坐标系基准；在此基础上，对综合导航定位系统观测数据中各类误差及其特点进行了详细分析，并介绍了多项式拟合粗差的探测和剔除方法、中位数梯度滤波、卡尔曼滤波参数估计及稳健估计等海底电缆导航定位常用的数据处理方法；最后，从理论上分析了作业船参考点定位、电缆检波点定位及震源激发点定位等技术方法与精度评定工作，并给出了提高海底电缆地震勘探导航定位精度的基本措施，为后续章节展开研究提供了理论依据。

第3章 复杂海况下的作业船只与震源阵列导航定位

勘探作业船是在风浪等自然环境因素的影响下完成地震勘探生产作业的。如何正确而可靠地实时确定作业船只及震源阵列空间位置及状态，如何实现高精度同步激发地震波(气枪控制系统)及相应的地震波接收记录系统，对地震勘探意义十分重要。如前所述，国内外现状分析的相关文献资料并没有考虑到作业船只姿态的变化引起作业船只状态信息的变化影响。而且，由于GPS等设备存在数据跳变的情况及异常数据的存在，会导致卡尔曼滤波器发散失真问题。为了得到精确而可靠的作业船只状态信息，必须考虑作业船只姿态改正的问题及异常数据处理问题。另外，由于海上作业环境复杂，拖曳阵列震源受风、流以及作业船操纵影响显著，加之定位传感器数量有限，震源阵列位置定位精度一直难以满足地震勘探需要，为此，本章将开展风、浪作用下的船只和震源阵列的导航定位问题研究，以期实现复杂海况下高精度地震勘探导航定位。

3.1 作业船只姿态改正及归算

3.1.1 基本原理

作业船只主差分GPS天线的位置与作业船只参考点的位置存在偏心。另外，在作业时，由于受波浪、船体操纵等因素影响，GPS天线随着船体姿态发生瞬时变化，影响了理想状态下差分GPS天线在海平面投射点位置的正确计算，因此，需要进行瞬时作业船只姿态改正[90]。其目的是：

(1)消除姿态因素对作业船定位网络节点(船参考点、测深仪换能器位置、声学定位换能器)等位置计算的影响；

（2）将不同类型的定位传感器的观测值统一归算到统一的坐标系下。

3.1.2 姿态改正方法

在作业船只姿态改正计算中，船上 GPS 系统得到的是 GPS 天线相位中心在 WGS-84 坐标系下的坐标，在进行作业船只定位网络节点归算之前，需要将 GPS 天线位置归算到作业船只参考点的位置，由作业船只参考点的位置通过方位改正计算出定位网络其他节点的位置。另外，由于声学换能器位置会因作业船只姿态而产生变化，还要考虑姿态对声学换能器的姿态改正，所以在姿态改正及归算中，会涉及 3 个坐标系，分别为换能器坐标系 TCS（Transducer Coordinate System）、船体坐标系 VCS（Vessel Coordinate System）和地理坐标系 GCS（Geographic Coordinate System）。

船体坐标系 VCS 是以作业船重心/中心为作业船参考点 RP，船艏方向为 X 轴，右手垂直方向为 Y 轴，垂直 X-RP-Y 平面为 Z 轴建立的右手坐标系，如图 3-1 所示。

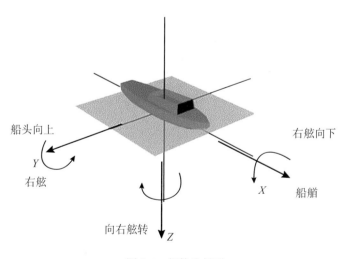

图 3-1　船体坐标系

TCS 的原点在换能器的中心，X 轴、Y 轴和 Z 轴与 VFS 的 3 个轴平行，但因为安装时由于换能器与作业船参考点不在一个平面内，故它们之间存在高度差，由于作业船姿态变化的影响，故与 VCS 参考平面上存在位置偏差。

1. VCS 坐标系下姿态改正

VCS 坐标系下姿态改正，就是计算作业船定位网络节点在以作业船参考点为原点的船体坐标系下的瞬时坐标。如 GPS 天线相位中心安装时量测的船体坐标为 $(x, y, z)_{\text{VCS-GPS0}}$，受船体姿态影响，瞬时 GPS 在理想船体坐标系下的坐标为 $(x, y, z)_{\text{VCS-GPS}}$，即

$$\begin{pmatrix} x \\ y \\ z \end{pmatrix}_{\text{VCS-GPS}} = \boldsymbol{R}(h)\boldsymbol{R}(p)\boldsymbol{R}(r) \begin{pmatrix} x \\ y \\ z \end{pmatrix}_{\text{VCS-GPS0}} \tag{3-1}$$

若换能器在安装时量测的船体坐标为 $(x, y, z)_{\text{VCS-T0}}$，受船体姿态影响，瞬时换能器在理想船体坐标系下的坐标为 $(x, y, z)_{\text{VCS-T}}$，即

$$\begin{pmatrix} x \\ y \\ z \end{pmatrix}_{\text{VCS-T}} = \boldsymbol{R}(h)\boldsymbol{R}(p)\boldsymbol{R}(r) \begin{pmatrix} x \\ y \\ z \end{pmatrix}_{\text{VCS-T0}} \tag{3-2}$$

式中，

$$\boldsymbol{R}(h) = \begin{pmatrix} \cos h & \sin h & 0 \\ -\sin h & \cos h & 0 \\ 0 & 0 & 1 \end{pmatrix};$$

$$\boldsymbol{R}(p) = \begin{pmatrix} \cos p & 0 & \sin p \\ 0 & 1 & 0 \\ -\sin p & 0 & \cos p \end{pmatrix};$$

$$\boldsymbol{R}(r) = \begin{pmatrix} 1 & 0 & 0 \\ 0 & \cos r & \sin r \\ 0 & -\sin r & \cos r \end{pmatrix};$$

h ——作业船方位角；p ——摇摆角；r ——横滚角。

2. 归位计算（VCS 坐标系向 GCS 系的转换）

作业船只坐标系到地理坐标系坐标的转换，就是通过 GPS 天线位置在作业船只坐标系下与其在地理坐标的转换关系来实现的。

如图 3-2 所示，将 $P\text{-}xyz$ 坐标系的 y 轴方向绕反向后的 y 轴旋转 $\frac{\pi}{2} - B$，绕 z 轴旋转 $\pi - L$，可表示为

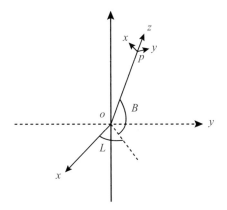

图 3-2　VCS 坐标系向 GCS 系的转换

$$\begin{pmatrix} X \\ Y \\ Z \end{pmatrix} = \boldsymbol{R}_1\,\boldsymbol{R}_2\,\boldsymbol{R}_3 \begin{pmatrix} \Delta x \\ \Delta y \\ \Delta z \end{pmatrix} + \begin{pmatrix} x \\ y \\ z \end{pmatrix} \tag{3-3}$$

式中，L——经度；

　　　B——纬度；

　　　Δx、Δy、Δz——GPS 天线位置在船坐标系下的坐标；

　　　x、y、z——GPS 天线相位中心在地理坐标系下的坐标；

　　　X、Y、Z——定位网络节点在地理坐标系下的坐标。

其中，

$$\boldsymbol{R}_1 = \begin{pmatrix} \cos(\pi - L) & \sin(\pi - L) & 0 \\ -\sin(\pi - L) & \cos(\pi - L) & 0 \\ 0 & 0 & 1 \end{pmatrix};$$

$$\boldsymbol{R}_2 = \begin{pmatrix} \cos\left(\dfrac{\pi}{2} - B\right) & 0 & -\sin\left(\dfrac{\pi}{2} - B\right) \\ 0 & 1 & 0 \\ \sin\left(\dfrac{\pi}{2} - B\right) & 0 & \cos\left(\dfrac{\pi}{2} - B\right) \end{pmatrix};$$

$$\boldsymbol{R}_3 = \begin{pmatrix} 1 & 0 & 0 \\ 0 & -1 & 0 \\ 0 & 0 & 1 \end{pmatrix}$$

3.1.3　实验及分析

　　某作业船只在导航定位系统安装时，可以得到 GPS 天线相位中心的船体坐标为(0，0，z)，即 GPS 相位中心与作业船参考点在平面上重合，而在垂直方向上相差 zm。那么，利用野外地震勘探生产作业时采集的姿态传感器数据，根据姿态改正公式(3-1)计算分析如图 3-3~图 3-12 所示。

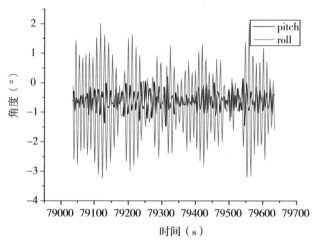

图 3-3　风速 8 节时 pitch 和 roll 统计

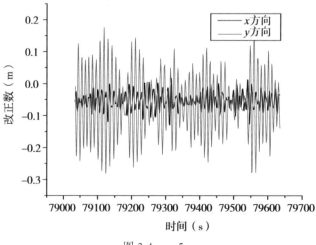

图 3-4　$z=5$m

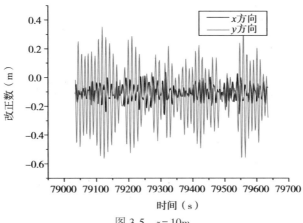

图 3-5 $z = 10$m

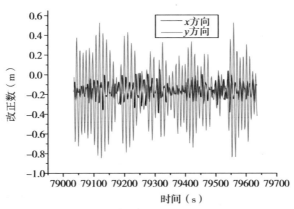

图 3-6 $z = 15$m

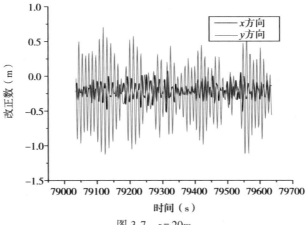

图 3-7 $z = 20$m

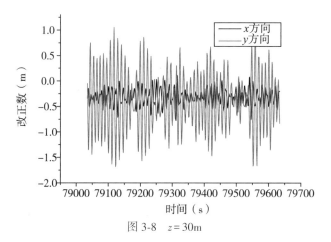

图 3-8 $z = 30\text{m}$

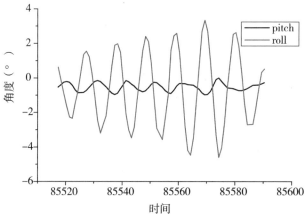

图 3-9 风速 17 节时 pitch 和 roll 统计

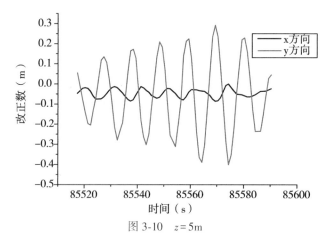

图 3-10 $z = 5\text{m}$

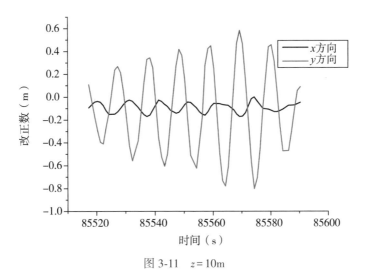

图 3-11　*z* = 10m

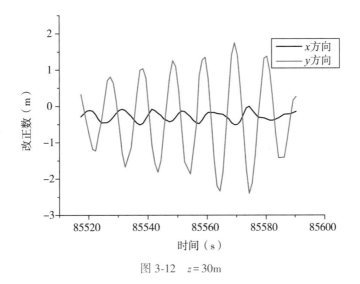

图 3-12　*z* = 30m

从图 3-3 可以看出，风速 8 节即 3 级风的情况下，勘探作业船的 pitch 和 roll 姿态传感器的数据在 −3°～1°之间变化的范围内，其势必对作业船上定位网络节点的位置产生影响。通过计算分析，对于不同大小的作业船只，随着 GPS 天线位置相对于作业船坐标系下参考点在 *z* 方向上的 5～30m 之间的变化，其改正数变化在 0.2～1.5m 之间随着 *z* 方向偏差而越来越大。

风速 17 节即 5 级风的情况下，勘探作业船的 pitch 和 roll 姿态传感器的数

据在 −4.6°~3.3°之间变化的范围内。

通过计算分析，对于不同大小的作业船只，随着 GPS 天线位置相对于作业船坐标系下参考点在 z 方向上的 5~30m 之间的变化，其改正数变化在 0.3~2.5m 之间随着 z 方向偏差而越来越大。上述实测数据进一步验证了风浪因素对作业船导航定位影响的显著性。

3.2　估计海况和船型因素的船位分级滤波模型

综合导航系统是野外地震勘探采集作业的野外生产指挥的核心系统。如英国 CONCEPT 公司的 SPECTRA 综合导航系统和 GATOR 综合导航系统等，被世界上各个地球物理勘探公司广泛地应用到海上石油地震勘探作业中[91]。

为了正确地描述勘探作业船的实际航行轨迹、作业船定位网络的实时空间位置和地震波激发时刻激发点的空间位置，必须采用一定的数据处理手段来实时更新作业船航迹数据。考虑到 GPS 等设备只能获得目标的位置数据，而卡尔曼滤波器通过递推算法，就能获得作业船只的运动轨迹、速度、加速度等信息，因此，通常建立起一个卡尔曼滤波器在综合导航系统中对作业船定位网络的实时空间位置进行滤波推估和滤波更新，并利用它对地震勘探中地震波激发时刻进行预测。

3.2.1　作业船位滤波模型

对作业船只的运动状态估计，一般可采用常速度 CV(Constant Velocity)或常加速 CA(Constant Acceleration)模型。如下给出三维直角坐标 CV 模型：

$$\begin{bmatrix} X(t+1) \\ \dot{X}(t+1) \end{bmatrix} = \begin{bmatrix} I & \Delta t I \\ 0 & I \end{bmatrix} \begin{bmatrix} X(t) \\ \dot{X}(t) \end{bmatrix} + W(t) \qquad (3-4)$$

式中：I——3 阶单位矩阵；

Δt——时刻 t 和 $t+1$ 之差；

$W(t)$——模型误差向量；

$X(t)$，$X(t+1)$ 及 $\dot{X}(t+1)$，$\dot{X}(t)$——时刻 t 和 $t+1$ 作业船的位置向量和速度。

当假设作业船只在海洋作业过程中的运动是一种常加速度的运动时，作业船只在三维空间下的以常速度运动的矢量位移数学模型，即 CA 模型可以下式表示：

$$
\begin{bmatrix} \boldsymbol{X}(t+1) \\ \dot{X}(t+1) \\ \ddot{X}(t+1) \end{bmatrix} = \begin{bmatrix} \boldsymbol{I} & \Delta t\boldsymbol{I} & \dfrac{1}{2}\Delta t^2\boldsymbol{I} \\ 0 & \boldsymbol{I} & \Delta t\boldsymbol{I} \\ 0 & 0 & \boldsymbol{I} \end{bmatrix} \begin{bmatrix} \boldsymbol{X}(t) \\ \dot{X}(t) \\ \ddot{X}(t) \end{bmatrix} + \begin{bmatrix} 0 \\ 0 \\ \boldsymbol{I} \end{bmatrix} \boldsymbol{W}(t) \tag{3-5}
$$

自从卡尔曼滤波方法出现后，有很多专家和学者对此进行研究，并发表了推导其计算公式的论文[92-94]。并利用最小方差性质，求出卡尔曼滤波递推公式。

滤波递推公式的直观推导，设系统为

$$
x_k = \boldsymbol{\Phi}_{k,\,k-1}x_{k-1} + \boldsymbol{\Gamma}_{k-1}w_{k-1} \tag{3-6}
$$

$$
z_k = H_k x_k + v_k \tag{3-7}
$$

其中，$k \geqslant 1$。动态噪声 $\{w_k\}$ 与量测噪声 $\{v_k\}$ 是不相关的零均值白噪声序列，即对所有的 k，j，模型的基本统计性质为

$$
E\{w_k\} = 0, \ \mathrm{Cov}(w_k,\ w_j) = E\{w_k,\ w_j^{\mathrm{T}}\} = Q_k\delta_{kj}
$$

$$
E\{v_k\} = 0, \ \mathrm{Cov}(v_k,\ v_j) = E\{v_k,\ v_j^{\mathrm{T}}\} = R_k\delta_{kj}
$$

$$
\mathrm{Cov}(w_k,\ v_j) = E\{w_k,\ v_j^{\mathrm{T}}\} = 0
$$

这里 δ_{kj} 是克罗内克 δ 函数，即

$$
\delta_{kj} = \begin{cases} 1, & k = j \\ 0, & k \neq j \end{cases}
$$

又设初始状态的统计特性为

$$
E[x_0] = u_0, \ \mathrm{Var}\, x_0 = E\{(x_0 - u_0)(x_0 - u_0)^{\mathrm{T}}\} = p_0
$$

且 x_0 与 $\{w_k\}$ 和 $\{v_k\}$ 都不相关，即

$$
\mathrm{Cov}(x_0,\ w_k) = 0, \ \mathrm{Cov}(x_0,\ v_k) = 0
$$

可以推导出卡尔曼滤波公式的计算步骤如下：

（1）做最佳一步预测：

$$
\hat{\boldsymbol{X}}_{k/(k-1)} = \boldsymbol{\Phi}_{k,\,k-1}\hat{\boldsymbol{X}}_{(k-1)} \tag{3-8}
$$

（2）计算预测协方差矩阵：

$$
\boldsymbol{P}_{k,\,k-1} = \boldsymbol{\Phi}_{k,\,k-1}\boldsymbol{P}_{k-1}\boldsymbol{\Phi}_{k,\,k-1}^{\mathrm{T}} + \boldsymbol{\Gamma}_{k-1}\boldsymbol{Q}_{k-1}\boldsymbol{\Gamma}_{k-1}^{\mathrm{T}} \tag{3-9}
$$

（3）计算卡尔曼增益矩阵：

$$K_k = P_{k/k-1} H_k^{\mathrm{T}} (H_k P_{k/k-1} H_k^{\mathrm{T}} + R_k)^{-1} \tag{3-10}$$

（4）求最佳滤波估值：

$$\hat{X}_k = \hat{X}_{k/k-1} + K_k (Z_k - H_k \hat{X}_{k/k-1}) \tag{3-11}$$

（5）计算滤波后的误差协方差矩阵：

$$P_k = [I - K_k H_k] P_{k/k-1} \tag{3-12}$$

3.2.2　估计海况和船型因素的船位分级滤波模型

海上作业时，作业船只由于受到风浪影响，会产生横向摇动、纵向运动，其姿态产生较大的实时变化。

迄今为止，许多学者通过大量的观测数据，对海况的各种数据统计值进行了研究，并根据定义有义波高和描述海面特征对海况进行了等级划分，见表3-1。

表 3-1　　　　　　　　　　　　**常用海况等级定义**[95]

海况等级	有义波高（m）	海面特征
1	[0, 0.1)	波纹涟漪，或涌和波纹同时存在
2	[0.1, 0.5)	波浪很小，波顶开始破裂，浪花不显白色，而呈玻璃色
3	[0.5, 1.25)	波浪不大，但醒目，波顶开始翻倒，有地方显示白浪花
4	[1.25, 2.5)	波浪具有显著形状，波顶急剧翻倒，到处形成白浪
5	[2.5, 4.0)	出现高大波浪，波顶上浪花占很大面积，风开始从波顶削去浪花
6	[4.0, 6.0)	波峰呈现风暴波，峰顶上被削去的浪花开始一条条地沿着波浪斜面伸长
7	[6.0, 9.0)	被削去的浪花布满波浪斜面，有些地方融合到波谷，波峰布满浪花层
8	[9.0, 14.0)	稠密的浪花布满波浪斜面，海面呈白色，仅波谷有些地方没有浪花

海底电缆地震勘探作业船只包括仪器船、定位船、放缆船及震源船，不

同作业船只大小、重量相差巨大,其动态性能不一[96]。如大船在作业航行过程中相对于小船而言,反应慢,其运动加速度变化小;小船则反之。

为了描述不同海况条件下作业船只的运动噪声,可以考虑作业船只物理特性和海况等级这两个主要因素。而对于不同海况对作业船只运动的影响,可以利用合理的波能谱公式来描述。

对海况模型的准确描述非常困难,利用合理的波能谱来描述海况是应用谱分析的方法来研究海浪和作业船只运动的常用方法。

1964 年,Pierson-Moskowitz 根据大西洋充分发展海浪资料分析,提出了一个半经验的波能谱公式,简称 PM 谱,如下公式所示[95],其波能谱如图 3-13 所示:

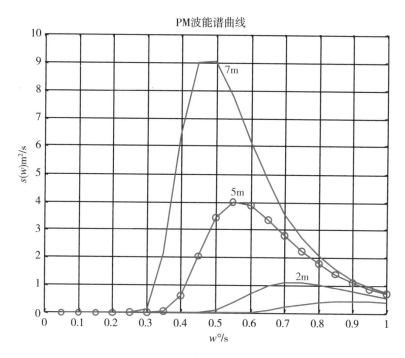

图 3-13 波能谱曲线图

$$S_\zeta(\omega) = A\omega^{-5}\exp(-B\omega^{-4})\,\text{m}^2/\text{s} \tag{3-13}$$

式中, ω ——波浪频率(s^{-1});

$A = 8.1 \times 10^{-3}$;

$$B = 0.74 \left(\frac{g}{V_{7.5}} \right)^4, \quad g = 9.81 \mathrm{m/s}^2, \text{为重力加速度;}$$

$V_{7.5}$——海面上 7.5m 高处的风速（m/s）。

那么，作业船在风浪条件下的横摇可以由横摇波面角能谱密度来表示，即

$$S_{\varphi}(\omega) = \left[\frac{\omega^2}{g} \cdot X_{\varphi}(\omega) \frac{\varphi_{\alpha}}{\alpha_0} \right]^2 S_{\xi}(\omega) \tag{3-14}$$

其中，ω——波浪真实频率，$g = 9.81 \mathrm{m/s}^2$，为重力加速度;

X_{φ}——与船宽和吃水有关的对横摇波浪主扰动力矩影响而引入的波面角修正系数;

α_0——波面角;

φ_{α}——横摇角幅值;

$S_{\xi}(\omega)$ ——波能谱密度。

可求得横摇的统计特征值为

平均横摇　　　　　$\tilde{\varphi}_{\alpha}(\omega) = 1.25 \sqrt{m_{0\varphi}}$ 　　　　　(3-15)

有义横摇　　　　　$\tilde{\varphi}_{\alpha 1/3}(\omega) = 2.0 \sqrt{m_{0\varphi}}$ 　　　　　(3-16)

最大横摇　　　　　$\tilde{\varphi}_{\alpha}(\omega) = 2.55 \sqrt{m_{0\varphi}}$ 　　　　　(3-17)

其中，　　　　　$m_{0\varphi} = \int_0^{\infty} S_{\varphi}(\omega) d\omega$

利用以上公式，就可分析作业船在复杂海况下的横摇特性。

而对于作业船在复杂海况下的纵摇特性，我们可以分析如下：

作业船在作业航行时，需要把波能谱函数 $S_{\xi}(\omega)$ 转换为遭遇频率函数 ω_e 的函数 $S_{\xi}(\omega_e)$，而遭遇频率可表示为

$$\omega_e = \omega + \frac{\omega^2}{g} v \tag{3-18}$$

其中，v——作业船船速。

上式两边微分可得

$$\frac{\mathrm{d}\omega_e}{\mathrm{d}\omega} = 1 + \frac{2\omega v}{g} \tag{3-19}$$

因为波能谱从 $S_{\xi}(\omega)$ 转换为 $S_{\xi}(\omega_e)$，只影响到作业船船速及使作业船的

扰动力频率发生变化，而对应的波浪并没有发生改变，因此波浪总能量在变化前后没有发生改变。由此可得

$$S_\xi(\omega_e)\,\mathrm{d}\omega_e = S_\xi(\omega)\,\mathrm{d}\omega \tag{3-20}$$

综合考虑式(3-19)和式(3-20)，可得

$$S_\xi(\omega_e) = \frac{S_\xi(\omega)}{1 + \dfrac{2\omega v}{g}} \tag{3-21}$$

参考分析作业船横摇幅值得方法，可以得到纵摇的统计特征值为

平均纵摇
$$\tilde{\theta}_\alpha = 1.25\sqrt{m_{0\theta}} \tag{3-22}$$

有义纵摇
$$\tilde{\theta}_{\alpha 1/3} = 2.0\sqrt{m_{0\theta}} \tag{3-23}$$

最大纵摇
$$\tilde{\theta}_{\alpha 1/10} = 2.55\sqrt{m_{0\theta}} \tag{3-24}$$

其中，
$$m_{0\theta} = \int_0^\infty S_\theta(\omega_e)\,\mathrm{d}\omega_e$$

综合考虑作业船的物理特性及海况等级，对于一条特定的作业船及作业时的海况情况，可以确定作业船的有义横摇及有义纵摇幅度，以此可建立复杂海况条件下风浪因素对作业船姿态的显著性。见表3-2。

表3-2　　　　　　　　　　作业时海况与船姿态关系

海况等级	有义波高(m)	横摇幅度(°)	横摇幅度(m)	纵摇幅度(°)	纵摇幅度(m)
1	[0, 0.1)	0.86	0.375	0.203	0.071
2	[0.1, 0.5)	1.36	0.593	0.257	0.090
3	[0.5, 1.25)	2.58	1.125	0.386	0.135
4	[1.25, 2.5)	3.12	1.360	0.773	0.270
5	[2.5, 4.0)	4.23	1.844	1.289	0.450
6	[4.0, 6.0)	9.17	3.984	2.580	0.900
7	[6.0, 9.0)	11.5	4.984	3.22	1.125

对于不同分级模式的作业船滤波模型，可根据表3-2所示有义横摇及有义

纵摇幅度来确定卡尔曼滤波模型中处理噪声协方差阵 $\boldsymbol{Q}_{k-1}$ 和量测噪声协方差阵 $\boldsymbol{R}_k$。

根据式(3-9)和式(3-10)，可以看到，调节 $\boldsymbol{Q}_{k-1}$ 和 $\boldsymbol{R}_k$ 的大小，会影响卡尔曼滤波增益的大小。当 $\boldsymbol{Q}_{k-1}$ 和 $\boldsymbol{R}_k$ 是常数项情况下，估计误差协方差阵与滤波增益会在短时间内趋于稳定且保持常数值。

在应用卡尔曼滤波时，除了尽可能精确地描述动态方程和量测方程外，一个重要的问题是选取 $\boldsymbol{Q}_{k-1}$，因为 $\boldsymbol{Q}_{k-1}$ 的选取的好坏对滤波精度有直接的影响，动态模型越是不正确，这种影响就越大。

选取 $\boldsymbol{Q}_{k-1}$ 的一个基本原则是，$\boldsymbol{Q}_{k-1}$ 的大小与动态模型的精度相匹配。假如 $\boldsymbol{Q}_{k-1}$ 值太大，那么卡尔曼滤波增益会很高，滤波结果存在趋向于观测值的更多一些、不平滑些、跳变一些。此时的效果将降低滤波的精度。然而，假如 $\boldsymbol{Q}_{k-1}$ 值太小，使滤波在过去观测量的加权衰减过程过慢，随着滤波的递推计算，将会引进越来越大的模型噪声，从而使滤波误差愈益增大，导致滤波发散。

可以对地震勘探综合导航计算采用的滤波器参数设置如表 3-3 所示，不同分级模式的 $\boldsymbol{Q}_{k-1}$ 和 $\boldsymbol{R}_k$ 对应滤波器参数 1~5 的取值，使得导航定位网络计算滤波器能够适用于不同大小的作业船和不同的海况条件。

表 3-3　　　　　　　　　　　　滤波器参数设置

滤波器参数	依赖性	航迹	残差	反应	误差椭圆
1	预测值	平滑	大	慢	小
↓	↓	↓	↓	↓	↓
5	观测值	跳变	小	快	大

3.2.3　仿真与模拟

假设我们构建了这样一个模型：一条作业船以匀速航行在一条地震勘探测线上。我们将利用卡尔曼滤波估计这条船的航行轨迹。我们同时拥有一台GPS 设备能够给出离散的、不连续的观测数据，以描述这条船沿着这测线航行到什么位置，但所有的观测值均包含随机误差。对于任意时刻这样一个系统的状态，可通过两部分参数来描述，一部分是船沿着测线航行的空间位置，另一部分是船的实际速度和加速度。

1. 初始化滤波模型系数矩阵

根据运动学模型，在状态空间里，我们考虑 6 个最基本的参数：x 和 y 分别代表平面坐标系里的 2 个空间位置，x 和 y 方向的作业船速度，以及 x 和 y 方向作业船加速度。在获得更新公式后，就能够确定和初始化这些不同的参数值，从而建立卡尔曼滤波器的模型进行更新预测。

设定：

$$\boldsymbol{\phi}_{k,\,k-1} = \begin{bmatrix} 1 & 0 & \mathrm{d}T & 0 & \mathrm{d}T^2/2 & 0 \\ 0 & 1 & 0 & \mathrm{d}T & 0 & \mathrm{d}T^2/2 \\ 0 & 0 & 1 & 0 & \mathrm{d}T & 0 \\ 0 & 0 & 0 & 1 & 0 & \mathrm{d}T \\ 0 & 0 & 0 & 0 & 1 & 0 \\ 0 & 0 & 0 & 0 & 0 & 1 \end{bmatrix}, \; \boldsymbol{\Gamma}_{k-1} = \begin{bmatrix} \mathrm{d}T^3/6 & 0 \\ 0 & \mathrm{d}T^3/6 \\ \mathrm{d}T^2 & 0 \\ 0 & \mathrm{d}T^2 \\ \mathrm{d}T & 0 \\ 0 & \mathrm{d}T \end{bmatrix},$$

$$\boldsymbol{W}_{k-1} = \begin{bmatrix} 1 & 0 \\ 0 & 1 \end{bmatrix}, \; \boldsymbol{H}_k = \begin{bmatrix} 1 & 0 & 0 & 0 & 0 & 0 \\ 0 & 1 & 0 & 0 & 0 & 0 \end{bmatrix}$$

$$\boldsymbol{P}_k = \begin{bmatrix} 0.25 & 0 & 0 & 0 & 0 & 0 \\ 0 & 0.25 & 0 & 0 & 0 & 0 \\ 0 & 0 & 1 & 0 & 0 & 0 \\ 0 & 0 & 0 & 1 & 0 & 0 \\ 0 & 0 & 0 & 0 & 1 & 0 \\ 0 & 0 & 0 & 0 & 0 & 1 \end{bmatrix}, \; \boldsymbol{V}_k = \begin{bmatrix} 1 & 0 \\ 0 & 1 \end{bmatrix}$$

应用式(3-8)~式(3-12)就可以建立起卡尔曼滤波器的模型，来模拟作业船作业时的航迹，并根据风浪等级所定义的有义横摇和纵摇确定模型中 $\boldsymbol{Q}_{k-1}$ 和 $\boldsymbol{R}_k$ 值进行分析。

2. 效果分析

固定观测值的量测噪声，改变驱动噪声，滤波器的滤波值如图 3-14~图 3-22 所示。

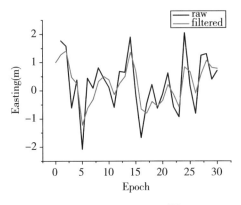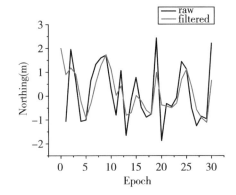

图 3-14　$Q = 0.512$，$R = 2.0$

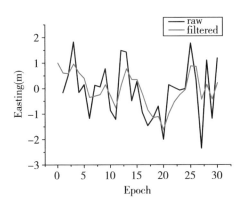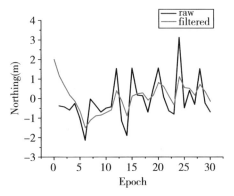

图 3-15　$Q = 0.256$，$R = 2.0$

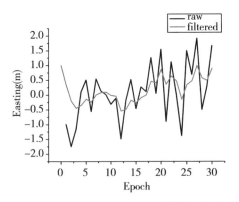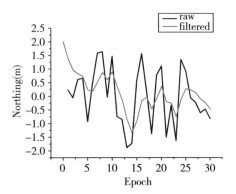

图 3-16　$Q = 0.128$，$R = 2.0$

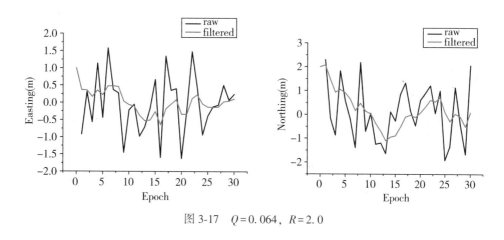

图 3-17 $Q = 0.064$，$R = 2.0$

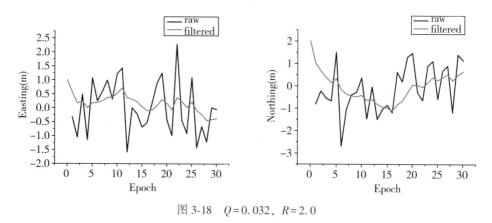

图 3-18 $Q = 0.032$，$R = 2.0$

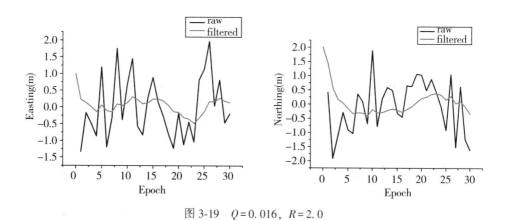

图 3-19 $Q = 0.016$，$R = 2.0$

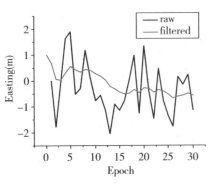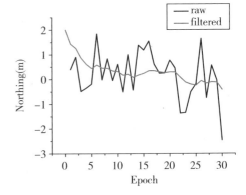

图 3-20　$Q = 0.008$，$R = 2.0$

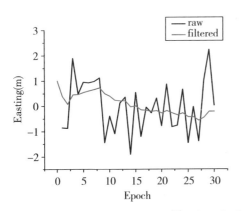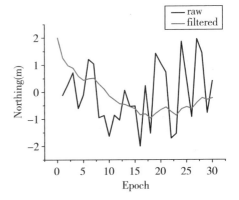

图 3-21　$Q = 0.004$，$R = 2.0$

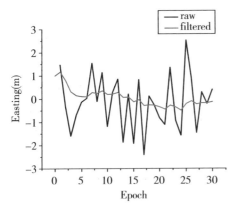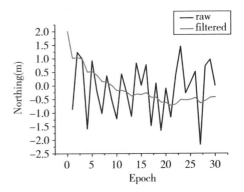

图 3-22　$Q = 0.002$，$R = 2.0$

固定驱动噪声，改变观测量的量测噪声，滤波器输出的滤波值如图 3-23～
图 3-34 所示。

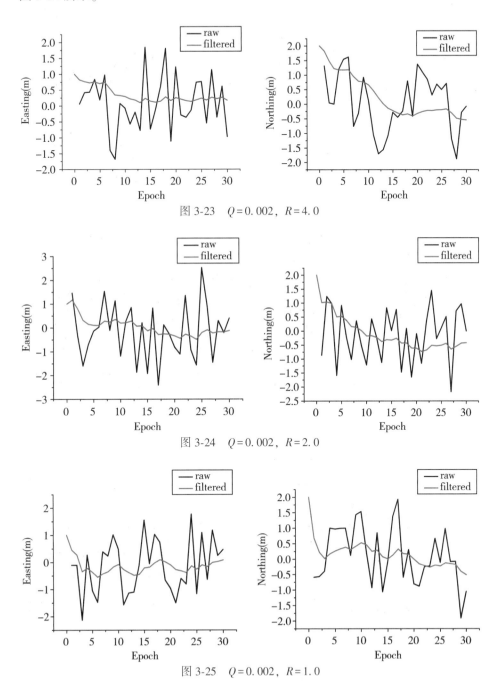

图 3-23　$Q = 0.002$，$R = 4.0$

图 3-24　$Q = 0.002$，$R = 2.0$

图 3-25　$Q = 0.002$，$R = 1.0$

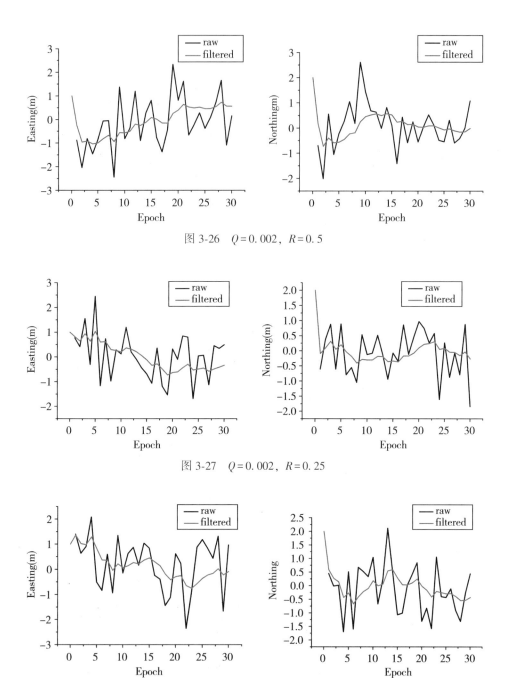

图 3-26　$Q = 0.002$，$R = 0.5$

图 3-27　$Q = 0.002$，$R = 0.25$

图 3-28　$Q = 0.002$，$R = 0.1$

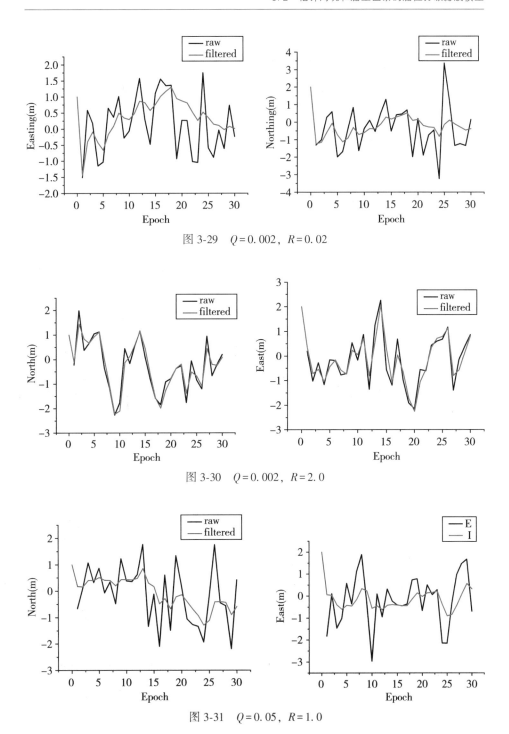

图 3-29 $Q = 0.002$，$R = 0.02$

图 3-30 $Q = 0.002$，$R = 2.0$

图 3-31 $Q = 0.05$，$R = 1.0$

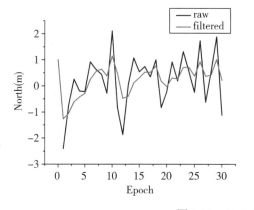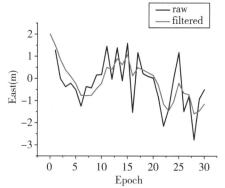

图 3-32　$Q=0.1$，$R=0.5$

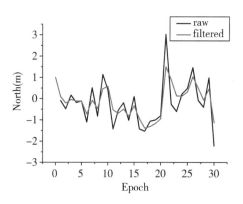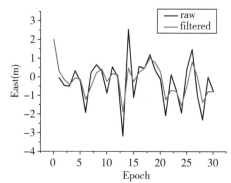

图 3-33　$Q=0.2$，$R=0.2$

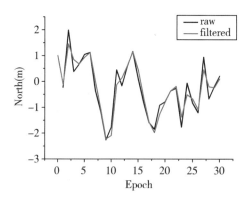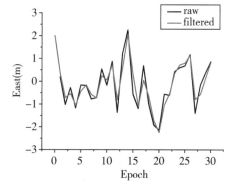

图 3-34　$Q=0.4$，$R=0.1$

如图 3-14~图 3-34 所示，滤波器参数设置越大，滤波估计会更依赖观测值，其误差椭圆就越大，而且误差椭圆大小为随意性变化。滤波器参数设置越大，驱动噪声就越大，误差椭圆就向增大的变化趋势越快。误差椭圆越大，在预测阶段其占的权重越小。相反地，如果滤波器参数设置越小，误差椭圆就越小，其观测值的权重就越大。一个低的滤波器参数设置会意味着滤波会少受观测值的影响，所以观测值的噪声影响也不大，也就意味着定位网络计算结果的输出会更平滑，滤波估计是最优无偏估计。然而，对于观测值的正确真实的变化，如作业船转弯情况，则需要更长的时间才能反映作业船状态的变化，滤波器的反应较慢，表现不好。

滤波器参数的不同设置，会影响不同的状态估计质量。滤波器参数设置越小，滤波器能够容忍更大的观测值残差。此外，误差椭圆会变得更小，因为在预测阶段，其增长不快。

3.2.4 勘探导航控制模型

海上地震勘探作业过程中，产生人工地震波信号的震源船需要实时地计算作业船上定义的定位网络节点的空间位置，同时还要预测震源中心的激发时刻。在实际设计时，采用卡尔曼滤波器来推估作业船的船行轨迹、定位网络的空间位置和预测地震激发系统的激发时刻。根据这一具体的要求，可以把地震勘探导航控制滤波过程分成预处理、滤波估计和平差计算三个步骤。如图 3-35 所示。

1. 预处理

为了保证卡尔曼滤波器的正常工作，不产生滤波发散。当作业船在进行生产测线导航作业时，我们在对进入卡尔曼滤波器的差分 GPS 位置输出数据进行了预处理。我们分析地震作业船在作业过程中是保持近似于直线的航线，所以实际每一个位置的更新是具有近似于一个稳定常数的梯度变化。我们以参与滤波的样本数据的中位数的梯度变化率的稳定性为评判依据，来对将要参与滤波更新的观测值进行预处理和剔除。

2. 滤波估计

在这阶段更新滤波器的状态和更新滤波状态向量的协方差矩阵，根据给定的当前滤波器的状态和预测时刻的时间间隔，定位网络计算模块计算状态

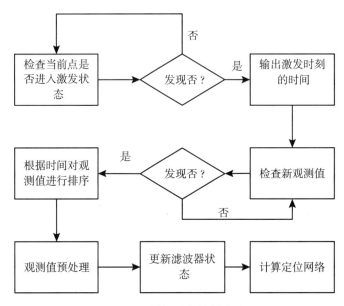

图 3-35 地震勘探导航控制滤波过程

转移矩阵和噪声协方差矩阵。然后计算预计时刻的状态向量和误差协方差矩阵，通过式(3-11)、式(3-12)计算步骤实现。

3. 质量检查与滤波更新

在这个阶段，已有观测值向量和观测值噪声的协方差阵，用它们来产生一个更新的状态向量的估计和误差协方差矩阵的估计。

(1)计算观测值更新残差向量。利用观测值向量减去滤波估计的观测值的计算值 $z_k - \hat{z}_k$。

(2)计算观测值更新协方差矩阵 $\boldsymbol{D}_k$ 和它的逆矩阵，通过下式计算：

$$\boldsymbol{D}_k = \boldsymbol{H}_k \boldsymbol{P}_{k/k-1} \boldsymbol{H}_k^{\mathrm{T}} + \boldsymbol{R}_k \qquad (3\text{-}25)$$

(3)计算残差向量的平方和：

$$\boldsymbol{V} = (\boldsymbol{Z}_k - \hat{\boldsymbol{Z}}_k)^{\mathrm{T}} \times \boldsymbol{D}_k^{-1} \times (\boldsymbol{Z}_k - \hat{\boldsymbol{Z}}_k) \qquad (3\text{-}26)$$

假如所计算的残差向量平方和小于与该统计量在显著性水平下的临界值，则进行更新状态向量；否则，进行数据探测。对于每个观测值计算

$$\boldsymbol{W}_{[i]} = \boldsymbol{D}_k^{-1} \times (\boldsymbol{Z}_k - \hat{\boldsymbol{Z}}_k)_{[i]} \div (\sqrt{\boldsymbol{D}_{k\,[i][i]}}) \qquad (3\text{-}27)$$

假如对于每个 $W_{[i]}$，存在超过了 W 检验的显著性水平下的临界值，拒绝相对应的观测值，回到式(3-25)，否则，继续进行更新状态向量的计算。

（4）更新状态向量：

$$X_k = X_{k-1} + P_{k/k-1}H_k^T D_k^{-1}(Z_k - \hat{Z}_k) \tag{3-28}$$

（5）更新 P：

$$P_k = P_{k/k-1} + P_{k/k-1}H_k^T D_k^{-1}H_k P_{k/k-1} \tag{3-29}$$

利用最后平差计算的状态向量中的观测值的估值，而不是预测更新的观测值的估值。这是最优的无偏估计。

3.2.5 实际应用与分析

根据以上算法，利用 VC 编制基于卡尔曼滤波的地震勘探导航定位程序，卡尔曼滤波器进行 25 个 GPS 点递推滤波。经过计算处理，结果可以在表 3-4 中清楚地得到作业船上 GPS 天线位置的实际观测数据位置和用卡尔曼滤波器预测得到的位置的比较。通过对比，表明在作业船航行过程中实际观测数据和预测滤波结果差值不大，这个结果符合我们作业的实际情况，如图 3-36 所示。

表 3-4　　　　　　　　**GPS 观测数据与滤波预测坐标列表**

GPS 时间	北坐标（实际）	东坐标（实际）	北坐标（预测）	东坐标（预测）	北坐标差	东坐标差
72749	3192811.08	314375.40	3192811.24	314375.18	−0.151	0.228
72750	3192811.46	314378.15	3192811.86	314378.07	−0.394	0.082
72751	3192812.45	314380.87	3192812.48	314380.88	−0.036	−0.017
72752	3192813.34	314383.55	3192812.52	314383.86	0.813	−0.314
72753	3192812.88	314386.64	3192813.06	314386.79	−0.179	−0.157
72754	3192813.30	314389.71	3192814.00	314389.55	−0.699	0.164
72755	3192814.78	314392.38	3192814.31	314392.46	0.472	−0.078
72756	3192815.02	314395.31	3192814.41	314395.52	0.614	−0.207
72757	3192814.56	314398.57	3192815.04	314398.33	−0.487	0.239
72758	3192815.25	314401.32	3192815.86	314401.07	−0.614	0.254

续表

GPS 时间	北坐标 （实际）	东坐标 （实际）	北坐标 （预测）	东坐标 （预测）	北坐标差	东坐标差
72759	3192816.58	314403.83	3192816.12	314404.06	0.459	−0.232
72760	3192816.76	314406.88	3192816.39	314407.04	0.370	−0.165
72803	3192818.55	314415.47	3192818.12	314415.63	0.423	−0.168
72804	3192818.70	314418.52	3192818.63	314418.50	0.064	0.012
72807	3192820.58	314427.06	3192820.49	314427.11	0.093	−0.048
72808	3192821.16	314429.98	3192821.08	314429.94	0.078	0.032
72809	3192821.68	314432.79	3192821.61	314432.82	0.075	−0.030
72810	3192822.11	314435.68	3192822.18	314435.76	−0.076	−0.079

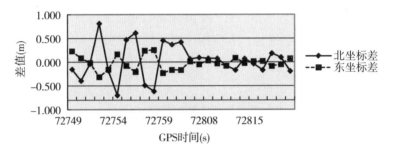

图 3-36 GPS 观测数据与滤波预测坐标差

表 3-4 的左边是作业船实际观测值几何中心坐标，右边是作业船通过导航定位计算程序预测估计的 GPS 天线几何中心坐标。对表中的野外作业数据进一步画图分析，可以直观地表示出船舶实际的运动轨迹和预测的运动轨迹，如图 3-37 所示。

通过比较，可以得出以下结论：预测结果非常符合作业船的实际运动轨迹。在实际作业过程中，滤波预测的作业船实际运动状态符合实际运动情况。基于卡尔曼滤波的地震勘探导航控制模型，计算了作业船只在连续运动时刻的处理误差和测量误差，其预测精度满足海上石油地震勘探导航作业的要求；并且，该滤波模块得到的船行轨迹大大削弱了实际作业船只由于海上风浪、涌浪等自然因素引起的作业船的摆动影响。

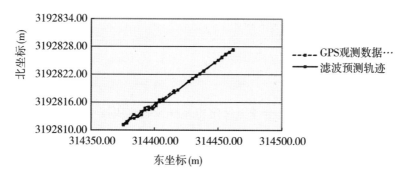

图 3-37 GPS 观测数据与滤波预测轨迹

　　某施工队进行了综合导航系统的野外作业生产测试，使用 GPS 同步控制器控制气枪激发、仪器记录同步，分析每炮的预计放炮和实际放炮时间差。表 3-5 中列出了部分炮点的预计放炮时间和实际放炮时间的统计数据。

表 3-5　　　　　　　部分预计放炮时间和实际放炮时间的统计表

线号	桩号	放炮时间			预计放炮时间			时间差
		时	分	秒	时	分	秒	毫秒
s1001	1003	10	56	31. 327053	10	56	31. 327	0. 053
s1001	1005	10	57	43. 613053	10	57	43. 613	0. 053
s1001	1006	10	58	19. 518053	10	58	19. 518	0. 053
s1001	1007	10	58	55. 759054	10	58	55. 759	0. 054
s1001	1008	10	59	31. 633056	10	59	31. 633	0. 056
s1001	1010	11	0	43. 938061	11	0	43. 938	0. 061
s1001	1011	11	1	20. 148053	11	1	20. 148	0. 053

　　通过测试，我们可以得出如下结论：基于卡尔曼滤波的地震勘探导航控制作业过程中预计放炮时间与实际放炮时间一致；其差值在稳定在 50 微秒左右，满足高精度石油地震勘探激发和采集同步采集的要求。

3.3　震源阵列定位模型与分析

3.3.1　定位方法

20 世纪 90 年代，随着全球卫星定位系统及其应用技术的发展，基于 GPS 相对定位技术的尾标，GPS 定位系统被广泛地应用于海洋地震勘探过程中电缆扩展器、拖曳电缆以其气枪阵列的定位中，为海洋地球物理勘探提供了可靠的定位方法，如图 3-38 所示。

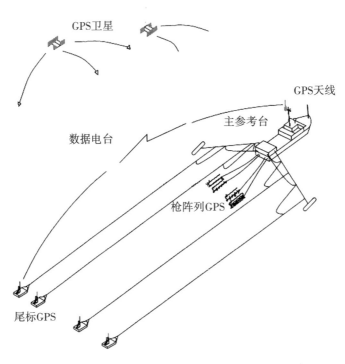

图 3-38　GPS 相对定位技术

尾标阵列定位可采用差分 GPS 或相对 GPS（RGPS）定位。差分 GPS 直接提供气枪阵列的绝对坐标；RGPS 提供船基 GPS 与尾标 GPS 间的基线向量观测值，再借助船载星间差分 GPS 绝对定位，获得尾标 GPS 绝对位置。根据其采用的观测量不同，RGPS 分为伪距差分定位和相位差分定位，式（3-30）给出

了基于测距码的伪距观测方程:

$$\tilde{\rho}_i^j(t) = \rho_i^j(t) + c\delta t_i(t) - c\delta t^j(t) + \Delta_{i,Ig}^j(t) + \Delta_{i,T}^j(t) \qquad (3-30)$$

其中,$\rho_i^j(t)$为任一观测历元从 RGPS 天线位置 $T_i(t)$ 至所测卫星 $S_i S^i$ 的几何距离;$c\delta t_i(t)$ 为接收机钟差;$c\delta t^j(t)$ 为卫星钟差;$\Delta_{i,Ig}^j(t)$ 为于观测历元时刻 t 电离层折射对测距伪距的影响;$\Delta_{i,T}^j(t)$ 为于观测历元时刻 t 对流层对测距伪距的影响。

差分 GPS 通过计算参考站的伪距差,并以之为修正量发送给流动站进行改正,获得运动中震源阵列的准确位置;RGPS 系统由 GPS 模块、数传电台、主机和计算软件等组成,通过电台数传把尾标 GPS 原始观测值实时发送到船载主机,实时解算基线,获得船基 GPS 与尾标 GPS 间的基线向量(如表 3-6 所示);获得了 RGPS 定位数据后,形成一定的行业标准数据格式经串口协议通信或 TCP/IP 协议实时发送给作业船上的海上地震勘探综合导航系统。

表 3-6 **尾标 GPS 数据**

字 段 名	数据格式
GPS Triggered Measurement Time	hhmmss. ss
Buoy ID	Sn or Gn or * nn
Range in metres	nnnnn. n
Bearing in degrees	nnn. nnn
* Altitude delta	nnn. n
* Number of Satellites used	nn
* RGDOP	nn. n

考虑到震源船及作业人员的安全因素,以及保证气枪阵列激发时,气枪的瞬时冲击对船体的振动不至于影响到船上气枪震源系统工作的稳定性。现在一般采用把震源阵列拖带于作业船的尾部一定安全距离的范围内进行作业,如图 3-39 所示。在这种情况下,震源阵列的每个枪体是独立,它们各自之间没有硬连接,每个枪体在作业船尾部的位置是由拖带缆的长度和枪体上拖带点的几根链条的长度来调节。

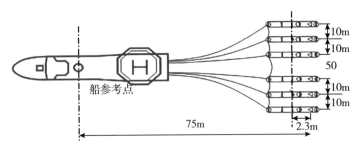

图 3-39　拖带气枪震源阵列

根据牛顿第二定律，对每个独立枪体进行受力分析。各个枪体之间的扩展间距通过调节枪体上的扩展器的角度，改变扩展器的受力方向，使得扩展器受到的作业船的拉力，海水的阻滞力，海流力达到一个平衡状态。但随着作业船速度的变化及海流的变化，使得震源阵列中各个枪体之间的扩展距离在一定的误差范围内时刻变化着。

3.3.2　震源阵列导航定位数学模型及应用分析

1. RGPS 观测数据预处理

受环境和系统自身影响，RGPS 输出的距离和方位观测值存在跳变和缺失现象；此外，海上地震勘探作业放炮时刻与 RGPS 定位时刻并不同步，RGPS 定位数据难以直接应用于震源阵列定位。为此，需对 RGPS 定位数据进行粗差剔除、时间同步等预处理。

为解决上述两个问题，下面给出一种基于缓冲区 RGPS 数据的多项式拟合粗差剔除和同步算法。考虑短时间（<30s）内，海况、船速、航向和阵列姿态相对稳定，阵列与船基 GPS 间水平距离、方位变化仅受具有随机变化特点的波浪影响。基于该假设，构建时间长度小于 10s 的观测数据缓冲区，并建立如下多项式模型：

$$P = a_0 + a_1(t - t_0) + a_2(t - t_0)^2 + \cdots + a_n(t - t_0)^n \qquad (3\text{-}31)$$

其中，P——距离/方位观测值；

a_i——模型系数（$i = 1, 2, \cdots n$）；

t_0 和 t——参考、观测时刻。

缓冲区内观测数据是否存在粗差，可在模型拟合后对模型在各观测时刻残差平方和进行 χ^2 检验。

$$T_k = \frac{\tilde{v}_k^{\mathrm{T}} P_{\bar{V}_k} \tilde{v}_k}{\sigma_0^2} \sim \chi^2(n_k - m) \tag{3-32}$$

式中，n_k——第 k 个预处理缓冲区的样本数目；

m——多项式阶次。

若检验通过，则不含粗差，拟合模型可用于下一历元数据的粗差检验；若检验不通过，将最新的观测数据加入缓冲区序列中，并剔除最旧数据，形成新的缓冲区拟合模型并应用于检验。缓冲区数据通过 χ^2 检验后，当下一个历元观测数据到来后，先用拟合模型推算该历元预报值，并与实际观测值比较，若两者差值小于 3σ，则认为该观测值不存在粗差，并将其填入缓冲区尾端，并删除第一个观测数据。以此滑动处理，来实现整个观测序列数据的动态滤波。

图 3-40 所示是抽取了部分野外 RGPS 距离和方位观测数据进行预处理的效果图。可以看出，滑动缓冲区多项式滤波法很好地实现了粗差的剔除。从图中还可以看出，该方法正确地描述了序列的变化趋势，由于该模型是时间的函数，据此可实现震源阵列放炮时刻观测值的确定，进而实现放炮时刻和定位时刻同步。

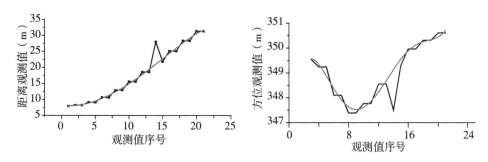

图 3-40 RGPS 观测值预处理效果

上述建模过程中，缓冲区时间长度和模型阶数影响着模型精度。时间长度需结合航向、姿态变化参数来确定，阵列姿态变化显著，则需要较短时间长度；否则可设置较长时间长度。模型阶数与之类似，高阶模型可以实现局部最佳逼近，但可能造成局部异常被视为正确观测数据；低阶模型尽管可以反映整体变化趋势，但会造成正常的观测数据被检测为异常。通常，模型阶数取 2~3 节即可。

获得了可靠的 RGPS 距离、方位观测量后，可借助这些观测量开展震源阵列导航定位。

如前文所述，现在传统方法所采用的基于震源阵列几何中心的模型过于简单，不能准确反映震源子阵间距发生变化，从而引起空气枪震源性能上的改变，给地震资料质量带来一定影响，不能满足高精度 OBC 地震勘探的需要。所以，需要要构建更准确的能够反映震源阵列能量中心的模型，来描述震源阵列的运动，以期获得其空间位置和状态，满足高精度地震采集的需要。

针对这一问题，下面提出一种基于各个枪体的卡尔曼滤波导航定位计算模型。

2. 基于卡尔曼滤波的枪体定位

海洋地震勘探作业中，震源阵列各枪体间并没有硬连装置，因此，传统基于震源阵列几何中心的模型将阵列视为刚体仅为一种理想状态，同实际存在一定的出入。为此，下面以单个枪体为对象建立模型来描述震源阵列的运动，状态参数为 $\boldsymbol{x} = [x, \ y, \ v_x, \ v_y]$。

首先，根据船上差分 GPS 滤波后定位结果确定 RGPS 基准站位置和速度[7]；然后，通过 RGPS 观测数据预处理计算方法，获得任意时刻的 RGPS 流动站基线长度和方向，结合 RGPS 基准站坐标，计算 RGPS 流动站位置。

将 RGPS 流动站位置作为观测值，构建式（3-33）和式（3-34）所示状态和观测方程[8]。

$$\boldsymbol{x}_k = \boldsymbol{\Phi}_{k,\ k-1}\boldsymbol{x}_{k-1} + \boldsymbol{\Gamma}_{k-1}\boldsymbol{w}_{k-1} \tag{3-33}$$

$$\boldsymbol{z}_k = \boldsymbol{H}_k\boldsymbol{x}_k + \boldsymbol{v}_k \tag{3-34}$$

式中，$\boldsymbol{\Phi}$——系统状态转移矩阵；

$\boldsymbol{\Gamma}$——系统动态噪声干扰矩阵；

$\boldsymbol{H}$——滤波系统观测系数矩阵；

$\boldsymbol{z}$——系统观测向量；

$\boldsymbol{w}$——动态噪声；

v——观测噪声。

$$p(w) \sim N(0, Q), \ p(v) \sim N(0, R) \qquad (3\text{-}35)$$

将每个 RGPS 流动站的状态及其协方差矩阵更新到下一个参考时刻，RGPS 流动站卡尔曼滤波的时间更新公式为

$$\hat{\boldsymbol{x}}_{k/k-1} = \boldsymbol{F}_{k,\,k-1}\hat{\boldsymbol{x}}_{k-1}$$
$$\boldsymbol{P}_{k/k-1} = \boldsymbol{F}_{k,\,k-1}\boldsymbol{P}_{k-1}\boldsymbol{F}_{k,\,k-1}^{\mathrm{T}} + \boldsymbol{G}_{k-1}\boldsymbol{Q}_{k-1}\boldsymbol{G}_{k-1}^{\mathrm{T}} \qquad (3\text{-}36)$$

则 k 时刻枪体的状态和方程为

$$\boldsymbol{K}_k = \boldsymbol{P}_{k/k-1}\boldsymbol{H}_k^{\mathrm{T}}(\boldsymbol{H}_k\boldsymbol{P}_{k/k-1}\boldsymbol{H}_k^{\mathrm{T}} + \boldsymbol{R}_k) - 1$$
$$\boldsymbol{P}_k = [\boldsymbol{I} - \boldsymbol{K}_k\boldsymbol{H}_k]\boldsymbol{P}_{k/k-1} \qquad (3\text{-}37)$$
$$\hat{\boldsymbol{x}}_k = \hat{\boldsymbol{x}}_{k/k-1} + \boldsymbol{K}_k(\boldsymbol{z}_k - \boldsymbol{H}_k\hat{\boldsymbol{x}}_{k/k-1})$$

为消除因计算误差引起的滤波发散问题，上述更新算法采用标量更新，即对一组观测数据，每次只更新一个观测值；此外，在计算增益矩阵 K 时，矩阵求逆运算则变为标量除法运算，减小了计算复杂度，提高计算效率，且避免了滤波发散。

为验证上述算法的正确性，采用野外测量提取的表 3-4 中格式数据进行验算。数据长度 450s，滤波后各枪体轨迹和枪阵间扩展距离变化如图 3-41 所示。

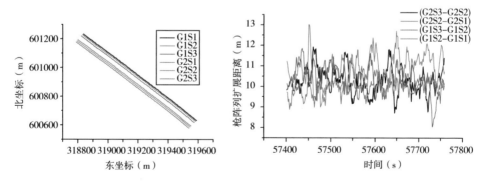

图 3-41　震源阵列空间位置及间距

从图 3-41 中可以看出，各枪体轨迹近似平行，枪阵列间扩展距离变化幅度为±0.5m，导航定位结果稳定，且与实际一致。为检验上述导航定位结果

的正确性，利用各枪体导航定位结果并借助式(3-33)~式(3-37)推求整个枪阵中心点坐标，与某商用综合导航定位系统提供的中心点坐标比较，x、y 方向坐标偏差如图 3-42 所示，可以看出，互差基本控制在 $-1.0 \sim 1.5 \mathrm{m}$ 之内，相对 RGPS 定位精度($\pm 1 \mathrm{m}$)，取得了较好的一致，从而表明了上述给出的枪阵导航定位算法的正确性。

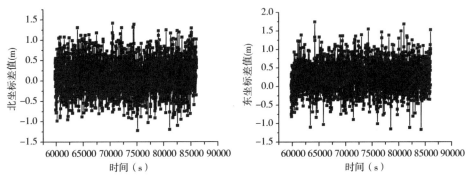

图 3-42　与 P294 文件中记录位置比较

为确保 RGPS 原始观测数据质量，采用基于滑动缓冲区的多项式滤波时，缓冲区长度建议不超过 30s，海况、阵列姿态和航向变化复杂时，建议不超过 10s；此外，建议采用时间的 2 阶多项式模型为宜。基于各枪体的卡尔曼滤波算法，考虑了各枪体的独立运动特点，与实际相符，因而定位结果正确的描述了各枪体的实际状态，且较传统的基于阵列中心的导航定位方法提供了更多的枪体状态信息，满足了地震勘探中震源阵列的实时、高精度导航定位需要，建议在实际中采用。

3.4　本章小结

(1)介绍了海底电缆地震勘探导航定位基本理论和方法。

(2)介绍了海底电缆地震勘探作业船只姿态改正及归算方法，并给出了数学模型。根据作业船只定位的 CV 模型和 CA 模型，结合不同有义波高对不同船型导航定位的影响，提出了基于不同分级模式的作业船只导航定位卡尔曼滤波模型，解决了无姿态传感器情况下船只的精确导航问题。

（3）针对导航定位系统设备性能和采样频率的差异，导航定位观测值存在跳变和缺失现象，以至于很难获得震源阵列放炮时刻的精确位置问题，开展了高精度震源阵列导航定位研究，并提出了一种基于滑动缓冲区的多项式拟合粗差剔除和数据同步处理算法，实现了震源阵列放炮时刻观测值的确定；提出和实现了基于单个枪体的卡尔曼滤波震源阵列导航定位模型，实现了优于 1m 的定位精度。其研究结果满足了复杂海况条件下高精度海底电缆 OBC 勘探导航定位的需要。

第4章 海底电缆放缆过程控制分析与研究

在海底电缆地震勘探中，需要把装有检波器(水听器)的电缆根据预先设计的地震勘探测线的位置布设到位。实际放缆过程中，受海流、风浪等因素影响，在水面按照设计位置沉放的检波器电缆往往达不到预期位置，从而难以满足石油地震勘探需要，如图4-1所示。如何准确地按地震勘探测线设计位置进行放缆、提高放缆作业精度及效率等问题，是海底电缆地震勘探导航定

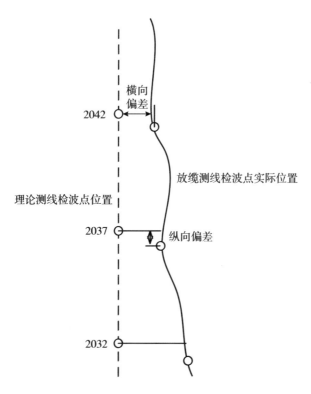

图4-1 放缆后检波点实际位置与理论位置偏差

位的一个重要课题；另外，深水 OBS 海底节点地震勘探新需求的出现，也对
电缆的放缆控制也提出了新的要求。目前，国内外一些学者对该问题进行了
一些研究，但考虑因素不全，尚未从海底电缆放缆过程的动力学机理开展详
细研究，放缆精度仍较低。为此，本章将基于海洋动力学相关理论，开展电
缆放缆问题研究，以期实现电缆的准确沉放。

4.1 稳态条件下海底电缆的运动分析

若风、浪、流较小，海洋环境处于稳态，电缆段在海水下落过程中受到
作业船速、电缆自身重力、放缆时的拉力、海水的浮力等因素的影响，随着
下落速度 V 的增大，它所受到的黏滞阻力也增大，当作用于电缆的重力、浮
力、黏滞阻力相平衡时，电缆将以匀速下落到海底。

4.1.1 放缆运动数学模型

假设海水静止，即不考虑海流的作用，研究电缆质点在水中的运动轨迹。
首先需建立空间坐标系 o-x-y， 如图 4-2 所示。

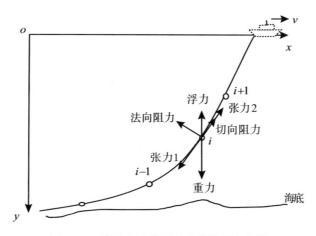

图 4-2 不考虑海流作用时电缆线受力分析

采用有限差分法，将整个电缆离散为 N 段，每段长度 Δs， 即 $N+1$ 个节
点，对第 i 个节点应用牛顿第二定律，得电缆节点的控制方程为

$$m_i \ddot{\boldsymbol{x}}_i = \boldsymbol{F}_i \tag{4-1}$$

式中，m_i 为节点间的电缆质量；$\ddot{x}_i$ 为它的加速度；$\boldsymbol{F}$ 包括重力 G、浮力 B、黏滞阻力 D 以及拉力 T。它们可表示为

$$m_i = \rho \Delta s$$
$$\boldsymbol{F} = \boldsymbol{T} + \boldsymbol{B} + \boldsymbol{G} + \boldsymbol{D} \tag{4-2}$$

其中，法向和切向黏滞阻力分别为[97]

$$D_n = \frac{1}{2}\rho_0 C_n v_n^2$$
$$D_t = \frac{1}{2}\rho_0 C_t v_t^2 \tag{4-3}$$

式中，ρ 为电缆线密度；C_n 和 C_t 分别为法向和切向阻力系数；v_n 和 v_t 分别为电缆的法向和切向速度。

根据微元法的思想，在电缆上取一小段，应用牛顿第二定律，对其进行受力分析，如图 4-3 所示。

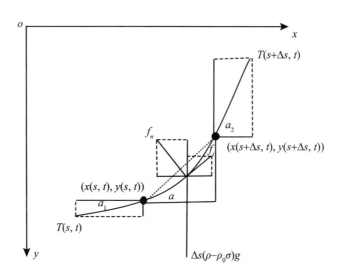

图 4-3　对电缆上一小段的受力分析

将式(4-3)与重力浮力及黏滞阻力代入控制方程中，并在放缆坐标系下沿各个坐标轴方向展开，则控制方程可写为标量形式如下：

$$T\cos\alpha - D_n\sin\alpha + D_t\cos\alpha = \rho\Delta s \cdot \ddot{x}$$

$$T\sin\alpha - D_n\cos\alpha - D_t\sin\alpha + (\rho - \rho_0\sigma)g \cdot \Delta s = \rho\Delta s \cdot \ddot{y}$$

$$\text{(4-4)}$$

其中，D_n 和 D_t 分别为法向和切向黏滞阻力；ρ 为电缆线密度；ρ_0 为海水密度；σ 为电缆的横截面积（假定电缆为理想的电缆）；g 为重力加速度；α 为电缆与 x 轴的夹角。

上式等号两边同时除以 Δs，并令 $\Delta s \to 0$，则电缆质点在水中运动轨迹数学模型为

$$\frac{\partial}{\partial s}\left(T\frac{\partial x}{\partial s}\right) + D_n\frac{\partial y}{\partial s} + D_t\frac{\partial x}{\partial s} = \rho\frac{\partial^2 x}{\partial t^2}$$

$$\frac{\partial}{\partial s}\left(T\frac{\partial y}{\partial s}\right) - D_n\frac{\partial x}{\partial s} + D_t\frac{\partial y}{\partial s} + (\rho - \rho_0\sigma)g = \rho\frac{\partial^2 y}{\partial t^2}$$

$$\text{(4-5)}$$

4.1.2 数值算法及求解

采用有限差分的方法，将电缆长度 s 等分成 n 份，用节点 1，2，$\cdots$，i，$i+1$，$\cdots$，$N-1$ 表示，间距为 h_1。将时间等分为 m 份，用节点 1，2，$\cdots$，j，$j+1$，$\cdots$，$M-1$ 表示，间距为 h_2。离散化的方程为

$$\left\{\frac{T}{h_1^2}[x_{i+1}^j - 2x_i^j + x_{i-1}^j] + \frac{1}{2}d\rho_0 C_n(V_s + J)^2\frac{(y_{i+1}^j - y_{i-1}^j)^3}{8h_1^3}\right.$$

$$+ \frac{1}{2}\pi d\rho_0 C_t\left(V_c - (V_s + J)\frac{(x_{i+1}^j - x_{i-1}^j)}{2h_1}\right)^2\frac{(x_{i+1}^j - x_{i-1}^j)}{8h_1}$$

$$\left. + 2\frac{\rho}{h_2^2}x_i^j - \frac{\rho}{h_2^2}x_i^{j-1}\right\} \bigg/ \frac{\rho}{h_2^2} = x_i^{j+1}$$

$$\left\{\frac{T}{h_1^2}[y_{i+1}^j - 2y_i^j + y_{i-1}^j] - \frac{1}{2}d\rho_0 C_n(V_s + J)^2\frac{(y_{i+1}^j - y_{i-1}^j)^2}{4h_1^2}\frac{x_{i+1}^j - x_{i-1}^j}{2h_1}\right.$$

$$+ \frac{1}{2}\pi d\rho_0 C_t\left(V_c - (V_s + J)\frac{(x_{i+1}^j - x_{i-1}^j)}{2h_1}\right)^2\frac{y_{i+1}^j - y_{i-1}^j}{2h_1}$$

$$\left. + (\rho - \sigma\rho_0)g + 2\frac{\rho}{h_2^2}y_i^j - \frac{\rho}{h_2^2}y_i^{j-1}\right\} \bigg/ \frac{\rho}{h_2^2} = y_i^{j+1}$$

$$\text{(4-6)}$$

初始条件：

$$x_i^0 = 0,\ \dot{x}_i^0 = 0$$

$$y_i^0 = h - ih_1,\ \dot{y}_i^0 = 0$$

首端边界条件：

$$x_N^j = vt$$

$$y_N^j = 0$$

自由端边界条件：

$$x_0^j = 0,\ y_0^j = h$$

物理参数的选取见表 4-1。

表 4-1　　　　　　　　　　　　　　**物理参数**

变量名称	变量取值
海水深度 $h(\mathrm{m})$	300
电缆的横截面积 $\sigma(\mathrm{m}^2)$	4.102×10^{-4}
切向黏滞阻力系数 C_t	0.0025
法向黏滞阻力系数 C_n	1.875×10^{-4}
重力加速度 $g(\mathrm{m \cdot s^{-2}})$	9.8
电缆线密度 $\rho(\mathrm{kg \cdot m^{-1}})$	1.67
海水密度 $\rho_0(\mathrm{kg.m^{-3}})$	1024
船速度/放缆速度 $v(\mathrm{m \cdot s^{-1}})$	1

4.1.3　放缆数据仿真

研究选取 $C_t = 0.0025$，$C_n = 1.875 \times 10^{-4}$，$\rho = 1.67\mathrm{kg/m}$，$\rho_0 = 1024\mathrm{kg/m}^3$，$T = 1.6\mathrm{kN}$，$v = 1\mathrm{m/s}$，编程得出电缆在第 300s 的运动姿态图（见图 4-4）、电缆从 0s 运动到 300s 的过程图（见图 4-5）以及缆绳上第 60 个节点在放缆过程中的运动图（见图 4-6）。

从图 4-6 可以看出，构建的模型能够仿真分析电缆段上每一个节点在放缆

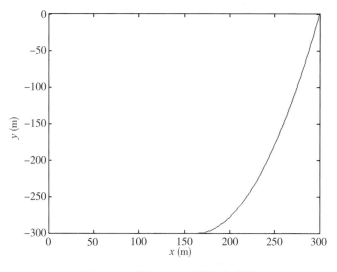

图 4-4　电缆在 300s 时刻的状态图

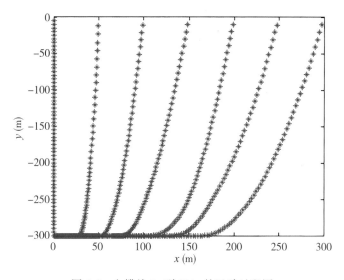

图 4-5　电缆从 0s 到 300s 的运动过程图

过程中的运动轨迹和空间位置。

4.1.4　各因素对放缆的影响分析

放缆过程中，电缆在水中的位置姿态取决于电缆的张力、放缆速度、阻

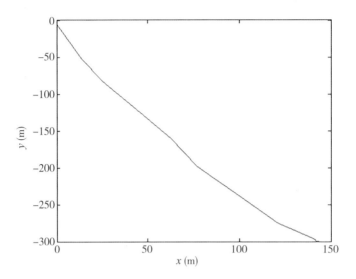

图 4-6 缆绳上第 60 个节点在放缆过程中的运动图

力系数、电缆密度以及流体密度等很多相关因素。下面将通过数值仿真研究各种情况下的稳态运动,并分析各种参数的影响。

1. 张力的影响

不同的张力会对电缆的运动姿态产生很大的影响,由于海底电缆是不可拉伸的电缆,因此,为了对比不同张力对电缆运动的影响,这里张力依次取 $T=1$(绿色)、1.2(黑色)、1.4(红色)、1.6(蓝色)四个值进行计算(单位: kN)。

仿真结果如图 4-7 所示。

结果显示,在系统参数不变的前提下,张力的变化对放缆运动有影响。张力越小,放缆越快。张力的变化对电缆姿态的影响较大。

另外,电缆从作业船尾部沉放到海底这段过程中,电缆上一直存在拉力。这个存在于电缆上的拉力具有如下特点:

(1)拉力在船尾部最大,沉放到海底的最末端最小,而且它们是连续变化的;假如在海底最末端的拉力为零,则最末端电缆是松弛状态的;反之,在海底最末端的拉力不为零,则最末端电缆不是松弛状态的。

(2)海底最末端电缆存在拉力的情况下,海底平面与电缆接触的部位是切

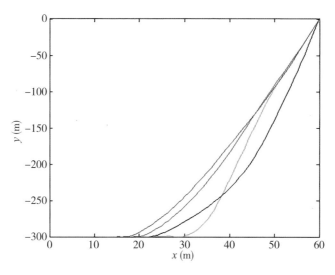

图 4-7 张力对放缆运动的影响

线关系。假如这个拉力不存在，则海底平面与电缆接触的部位是存在突变的电缆形状。

（3）对一条整段电缆来说，存在于电缆上的拉力随着电缆段的位置变化而变化（也即随着如图 4-7 所示的 z 方向连续变化）。若海底最末端电缆也存在拉力，那也就把这个拉力加载到电缆的任何一段。

2. 缆线密度的影响

海底电缆的密度由单位长度质量来描述，依次取 1.06kg/m（绿色）、1.19kg/m（黑色）、1.46kg/m（红色）、1.67kg/m（蓝色）四个值进行计算，结果如图 4-8 所示。

可以看出，电缆线密度对放缆运动的影响很大；不同类型的海底电缆因线密度不同，放缆速度不同；电缆密度增大，放缆速度越快，电缆绞车更难控制；电缆线密度大小对电缆姿态的影响较大。

3. 阻力系数的影响

放缆阻力包括切向和法向阻力两部分。各种不同的海底电缆，其阻力系数在数值上也会有不小的差异。按照 Taylor(1952) 阻力公式，切向流体阻力系数 C_t 建议取为：$C_t = 0.0025$，而法向阻力系数 C_n 一般介于 $0 \leqslant C_n \leqslant C_t$ 之间[98]。本小节通过分别改变切向阻力系数 C_t 和法向阻力系数 C_n（$\times 10^{-4}$）来分

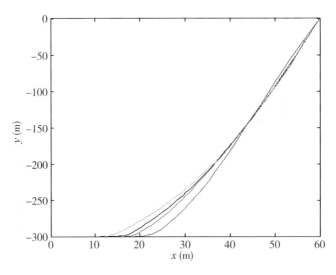

图 4-8 电缆线密度对放缆运动的影响

析它们对放缆运动的影响，依次取下面四个值进行仿真计算，其余参数不变：

$C_t = 0.001$（绿色）、0.0015（黑色）、0.002（红色）、0.0025（蓝色）

$C_n = 1.0$（绿色）、1.53（黑色）、2.0（红色）、3.0（蓝色）

仿真结果如图 4-9 和图 4-10 所示。

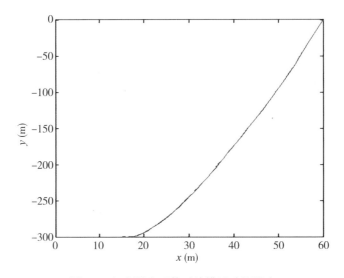

图 4-9 切向阻力系数对放缆运动的影响

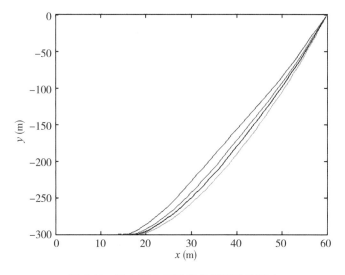

图 4-10 法向阻力系数对放缆运动的影响

可以看出，切向阻力系数对电缆的运动影响很小，相对来说，法向阻力系数对电缆的运动影响大。法向阻力系数越小，电缆下沉得越快。法向阻力系数大小对电缆姿态的影响较大。

4. 放缆速度的影响

此处放缆速度分别取 $v = 1.0$（绿色）、1.5（黑色）、2.0（红色）、2.5（蓝色），单位为 m/s，计算结果如图 4-11 所示。

可以看出，放缆速度对放缆运动的影响很大。速度越大，电缆下沉得越快；放缆速度大小对电缆姿态的影响较大。

5. 流体密度的影响

海水的密度同温度、盐度都有着直接的关系，不同海区的海水密度也都是不一样的，通常介于 $1020 \sim 1030 \text{kg/m}^3$ 之间。鉴于此，本节流体密度依次取 1020（绿色）、1024（黑色）、1028（红色）、1030（蓝色）四个值进行计算，以分析电缆在不同海流密度时的运动特征，仿真结果如图 4-12 所示。

改变流体密度的数值大小，放缆运动状态的变化非常小，可见，不同海域海洋流体密度不同对放缆姿态的影响不大。

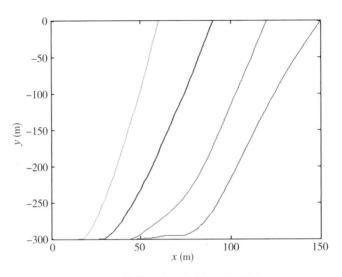

图 4-11　放缆速度对放缆运动的影响

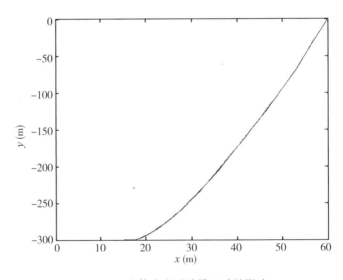

图 4-12　流体密度对放缆运动的影响

4.2 海流影响下对海底电缆形状的影响分析

海流具有稳定性，速度通常为每小时 1~2 海里，有些可达每小时 4~5 海里，随深度增加而迅速减小。我国海域海流流速多在每小时 0.5 海里。

海流既有水平流动，也有铅直流动，习惯上把海洋的水平运动分量狭义地称为海流。根据作业船的航行方向，为了分析方便，海流分为沿着航行方向(纵向)和垂直航行方向(横向)的两个分量[98]。

4.2.1 纵向海流对放缆过程的影响

海流是通过影响黏滞阻力来影响电缆运动的，在沿着航行方向加入海流 J，偏微分方程组变为

$$\frac{\partial}{\partial s}\left(T\frac{\partial x}{\partial s}\right) + D_n\frac{\partial y}{\partial s} + D_t\frac{\partial x}{\partial s} = \rho\Delta s\frac{\partial^2 x}{\partial t^2}$$

$$\frac{\partial}{\partial s}\left(T\frac{\partial y}{\partial s}\right) - D_n\frac{\partial x}{\partial s} + D_t\frac{\partial y}{\partial s} + (\rho - \rho_0\sigma)g\Delta s = \rho\Delta s\frac{\partial^2 y}{\partial t^2}$$

(4-7)

其中，黏滞阻力为

$$D_n = \frac{1}{2}d\rho_0 C_n (v_n + J_n)^2$$

$$D_t = \frac{1}{2}\pi d\rho_0 C_t (v_t + J_t)^2$$

(4-8)

将海流 J 分别取 0.2(绿色)、0.5(黑色)、0.7(红色)、1.0(蓝色)单位为 m/s，研究其对放缆运动的影响，结果如图 4-13 所示。

可以看出，纵向海流对电缆的运动影响微小，海流从 0.2m/s 变化到 1m/s，相应电缆的位置变化为 1.5~3.5m，对放缆姿态的影响较小。

4.2.2 横向海流对放缆过程的影响

首先建立空间坐标系 $o\text{-}z\text{-}y$，假设作业船沿着 x 轴正方向航行，同时加入稳定的横向海流 J_z，方向与 z 轴方向相同。对电缆节点进行受力分析结果如图 4-14 所示。

根据受力分析图，应用牛顿第二定律可以得出电缆节点在 $o\text{-}z\text{-}y$ 坐标平面

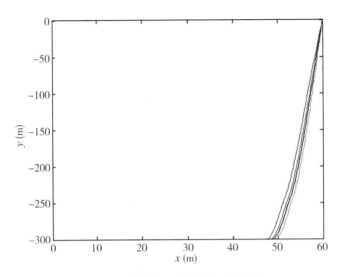

图 4-13　纵向海流对放缆运动的影响

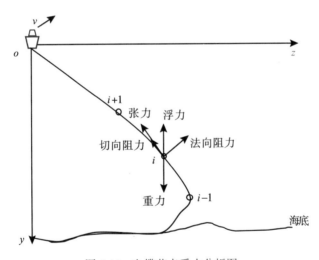

图 4-14　电缆节点受力分析图

内的运动轨迹偏微分方程组为

$$
\frac{\partial}{\partial s}\left(T \frac{\partial z}{\partial s}\right) - D_n \frac{\partial y}{\partial s} - D_t \frac{\partial z}{\partial s} = \rho \Delta s \frac{\partial^2 z}{\partial t^2}
$$

$$
\frac{\partial}{\partial s}\left(T \frac{\partial y}{\partial s}\right) + D_n \frac{\partial z}{\partial s} - D_t \frac{\partial y}{\partial s} + (\rho - \rho_0 \sigma) g \Delta s = \rho \Delta s \frac{\partial^2 y}{\partial t^2}
$$

$$(4\text{-}9)$$

初始条件：

$$z_i^0 = 0, \quad \dot{z}_i^0 = J_z$$

$$y_i^0 = h - ih_1, \quad \dot{y}_i^0 = 0$$

首端边界条件：

$$z_N^j = 0$$

$$y_N^j = 0$$

自由端边界条件：

$$z_0^j = 0$$

$$y_0^j = h$$

1. 电缆放缆入水后渐变形态

采用二阶精度的中心差分法进行数值解算，分别得到作业船在航行 60s、120s、250s 和 360s 时，电缆在横向海流的作用下的运动姿态图如图 4-15 所示。

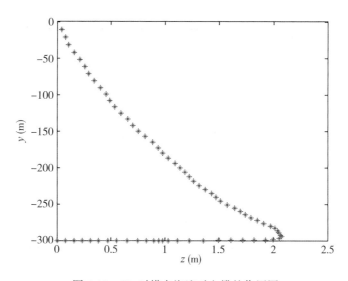

图 4-15 60s 时横向海流对电缆的作用图

从图 4-14～图 4-18 可以看出，横向海流速度的变化对 o-z-y 坐标平面内电缆的运动有很大的影响，随着电缆的入水时间推移，在 z 轴方向走得越远，也即横向海流对电缆的运动影响较大，相应电缆的位置变化为 0~4.5m。

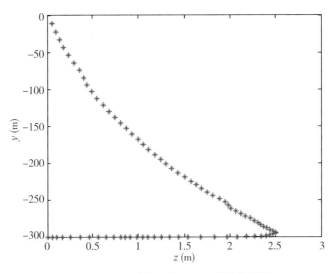

图 4-16　120s 时横向海流对电缆的作用图

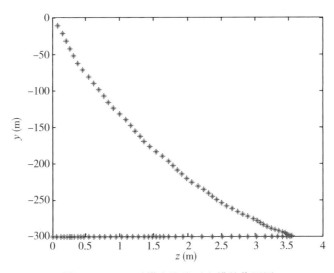

图 4-17　250s 时横向海流对电缆的作用图

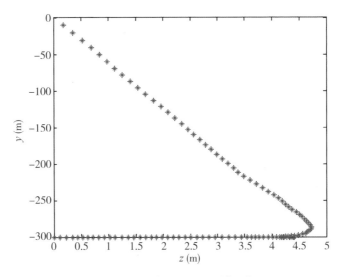

图 4-18 350s 时横向海流对电缆的作用图

2. 海流速度对电缆运动的影响

在船速 $v=1\mathrm{m/s}$、放缆速度和纵向海流速度不变的情况下，将横向海流速度分别取值 $J_z=0.5$（绿）、0.7（黑）、1.0（红）、1.5（蓝），单位为 m/s，计算结果如图 4-19 所示。

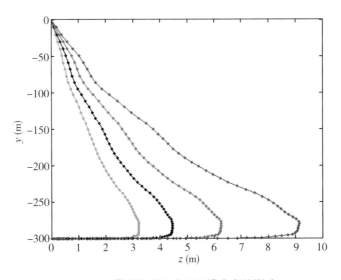

图 4-19 横向海流速度对电缆姿态的影响

可以看出，横向海流速度的变化对 $o\text{-}z\text{-}y$ 坐标平面内电缆的运动有很大的影响，横向海流速度越大，电缆在 z 轴方向走得越远，也即横向海流对电缆的运动影响较大，海流从 0.5m/s 变化到 1.5m/s，相应电缆的位置变化为 3~9.3m。

4.3　船速和放缆速度对电缆运动的影响

4.3.1　船速和放缆速度对电缆纵向运动的影响

加入海流 $J=0.7$m/s，在放缆速度 $v_c=1.5$m/s 不变的情况下，这里船速分别取 $v=1.0$(绿色)、1.5(黑色)、2.0(红色)、2.5(蓝色)，单位为 m/s，计算结果如图 4-20 所示。

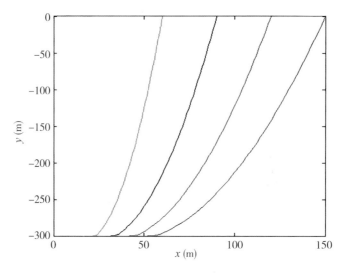

图 4-20　船速对放缆运动的影响

加入海流 $J=0.7$m/s，在船速 $v=1$m/s 不变的情况下，这里放缆速度分别取 $v_c=0.8$(绿色)、1.2(黑色)、1.5(红色)、2.0(蓝色)，单位为 m/s，计算结果如图 4-21 所示。

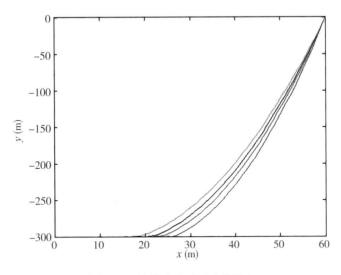

图 4-21 放缆速度对运动的影响

可以看出，在放缆速度不变的情况下，改变作业船船速对电缆的纵向姿态影响较大；而在作业船航行速度不变的情况下，改变放缆速度对电缆的纵向姿态影响则相对较小。

4.3.2 船速和放缆速度对电缆横向运动的影响

1. 船速的影响

在放缆速度、纵向海流速度和横向海流速度不变的情况下，将船速分别取值 $v = 1$（绿）、1.5（黑）、2（红）、2.5（蓝），单位为 m/s，计算结果如图4-22 所示。

可以看出，船速对 $o - z - y$ 坐标平面内电缆的运动姿态影响很小。

2. 电缆的 3D 姿态图

建立电缆在海水中运动的三维坐标图，对其进行受力分析后，通过编程可以得出在 60s、120s、250s 和 350s 时电缆运动 3D 图，如图 4-23 ~ 图 4-26 所示，其中图中红线表示电缆的初始位置姿态。

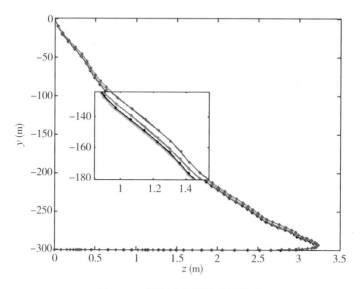

图 4-22　船速对电缆运动的影响

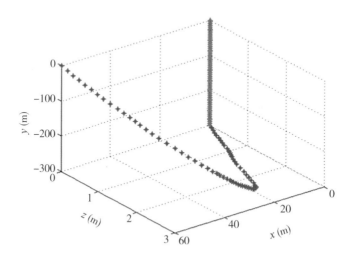

图 4-23　60s 时电缆运动 3D 图

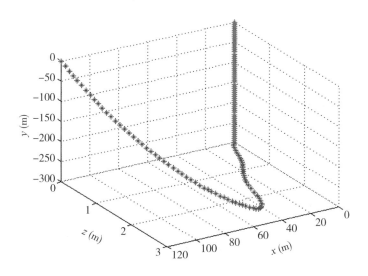

图 4-24 120s 时电缆运动 3D 图

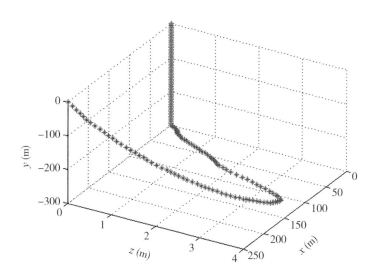

图 4-25 250s 时电缆运动 3D 图

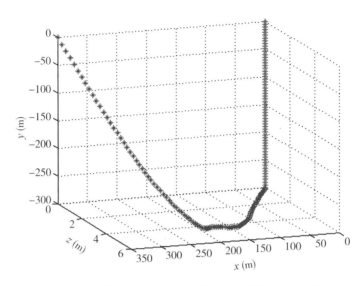

图 4-26　350s 时电缆运动 3D 图

4.4　放缆控制因素分析

通过对稳态条件下和顾及海流因素影响下的海底电缆运动形态分析，为了提高放缆的作业精度和效率，需要做好以下几个控制因素：

(1)作业之前，确定电缆自身的密度、尺寸大小及电缆上挂接的额外影响电缆重量的设备(如水声应答器和数字包等)；另外，进行仿真计算时，还要注意在计算电缆的重力时，只需要考虑作业船尾部放缆点开始到电缆与海底接触部位之间的电缆的重力。

(2)作业过程中，利用海流测量仪实时了解放缆时的海流速度和方向，以便仿真模拟海流对电缆放缆过程的影响。

(3)在作业船上安装电缆拉力传感器，由此对电缆放缆过程进行实时监控，以便对当前放缆工作状况做出判断，做出相应的作业船速度控制等。

(4)由于水中的电缆一直处于受力状态，改变电缆的放缆速度不会显著影响电缆在水中的形状；然而，作业船的放缆速度会大大影响电缆在水中的受力状态及电缆在海底的松弛程度，从而影响电缆的形状。考虑到这些情况，为了使作业船放缆过程中电缆具有相似的形态，必须充分考虑作业区域的水深情况，及时调整作业船的速度以满足要求。

4.5 本章小结

本章针对稳态条件下电缆在海水中运动轨迹进行了模型建立和动态分析。

首先，顾及电缆的张力、放缆速度、阻力系数、电缆密度以及流体密度等相关因素，应用微元法建立了电缆放缆过程的动力学模型，再采用有限差分法进行数值求解，分析了各个因素对电缆运动的影响。其次，顾及海流因素，建立了电缆放缆过程的动力学模型，讨论和分析了放缆过程的纵向海流、横向海流对放缆过程的影响，以及作业船船速和放缆速度对电缆运动的影响，并确定了放缆控制因素。相比已有文献，本章建立了更为完善的数学模型，物理参数初值的设定更为合理，得出的电缆在海水中随着时间变化的位置姿态图更具有动态性。

第 5 章　基于差分定位的海底
电缆定位方法研究

　　海底电缆地震勘探作业中，需对沉放到海底的检波器进行空间位置的最终确定，以便进行下一步地震波采集工作，海底电缆铺设到海底的情况如图 5-1 所示。随着地震勘探对精度要求越来越高，地震勘探面元尺度也越来越小，因此接收点的准确定位对地震资料处理品质至关重要。目前，为了精确得到沉入海底后的海底电缆的确实空间位置，一般采用初至波定位和声学定位等方法。初至波定位无需投入额外的设备，但需放定位炮，使得整体地震勘探施工效率降低。声学定位方法定位准确，现场施工效率较高，但需额外投入昂贵设备。为此，本章研究海底电缆定位方法，以期实现检波器位置的精确定位，更好地为地震勘探资料解译服务。

图 5-1　海底电缆地震勘探现场

5.1 距离交会定位

海底电缆地震勘探作业船在水面上航行时，在不同位置、不同时刻船载换能器向水下电缆上的多个应答器发射信号，可以获得对应的声线传播时间 t，在测区施测一组或多组声速剖面，可获得测区的声速变化信息 c，结合船载 GPS 天线、姿态角及航向，可获得船体换能器在 WGS-84 坐标系下的三维坐标 (X, Y, Z)。利用以上观测量，可以构建平差模型，进行距离交会定位或差分定位，求解水下电缆应答器的位置。如图 5-2 所示。

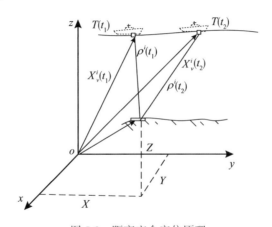

图 5-2 距离交会定位原理

设船载换能器到水下电缆应答器间的距离为观测值，则观测方程为

$$\rho_{sko} = f(p_o, \ p_k) + \delta\rho_{ko} \tag{5-1}$$

$$\delta\rho_{ko} = \delta\rho_{dsko} + \delta\rho_{vsko} + \varepsilon_{ko} \tag{5-2}$$

式中，ρ_{sko} 是常数项，为船载换能器在 k 时刻到水下电缆应答器间的观测距离，可通过声线跟踪或 harmonic 平均声速乘以声线传播时间得到；$f(p_o, \ p_k)$ 为换能器初始位置到水下应答器间的几何距离；$\delta\rho_{ko}$ 为测距误差，由船体换能器到应答器之间的时间延迟产生的系统误差 $\delta\rho_{dsko}$、声速结构变化引起的系统误差 $\delta\rho_{vsko}$ 及随机误差 ε_{ko} 三部分组成。

对上式线性化，可得

$$\rho_{sko} - f(p_o^0, \ p_k) = a_{sko} \mathrm{d}p_o + \delta\rho_{ko} + b_{sko}\mathrm{d}p_k \tag{5-3}$$

式中，a_{sko} 为 $f(p_o^0, \ p_k)$ 在 k 时刻对水下应答器位置的一次导数系数；b_{sko} 为 $f(p_o^0, \ p_k)$ 在 k 时刻对船载换能器位置的一次导数系数；$\mathrm{d}p_k$ 为船载换能器在 k 时刻的位置误差，若 GPS 定位精度较高，经过姿态改正后，船载换能器的位置误差的影响可以忽略，即 $b_{sko}\mathrm{d}p_k \approx 0$。

$$p_o = \begin{bmatrix} x_o \\ y_o \\ z_o \end{bmatrix}, \ p_k = \begin{bmatrix} x_k \\ y_k \\ z_k \end{bmatrix}, \ \mathrm{d}p_o = \begin{bmatrix} \mathrm{d}x_o \\ \mathrm{d}y_o \\ \mathrm{d}z_o \end{bmatrix}, \ \mathrm{d}p_k = \begin{bmatrix} \mathrm{d}x_k \\ \mathrm{d}y_k \\ \mathrm{d}z_k \end{bmatrix}$$

$$a_{sko} = \left(\frac{\partial f_k}{\partial x_o}, \ \frac{\partial f_k}{\partial y_o}, \ \frac{\partial f_k}{\partial z_o} \right), \ b_{sko} = \left(\frac{\partial f_k}{\partial x_k}, \ \frac{\partial f_k}{\partial y_k}, \ \frac{\partial f_k}{\partial z_k} \right)$$

$$f(p_o^0, \ p_k) = \sqrt{(x_k - x_o^0)^2 + (y_k - y_o^0)^2 + (z_k - z_o^0)^2}$$

$$\frac{\partial f_k}{\partial x_o} = - \frac{\partial f_k}{x_k} = \frac{x_o^0 - x_k}{f(p_o^0, \ p_k)}, \ \frac{\partial f_k}{\partial y_o} = \frac{\partial f_k}{\partial y_k} = \frac{y_o^0 - y_k}{f(p_o^0, \ p_k)}, \ \frac{\partial f_k}{\partial z_o} = \frac{\partial f_k}{z_k} = \frac{z_o^0 - z_k}{f(p_o^0, \ p_k)}$$

可根据上式建立间接平差模型。设船体在 n 个时刻采样了 n 个航迹点，到每一个水下应答器有 n 个观测距离，必要观测量 $t=3$，故多余观测量 $r=n-t$。误差方程为

$$\rho_{sko} - f(p_o^0, \ p_k) = \frac{\partial f_k}{x_o^0}\hat{x} + \frac{\partial f_k}{y_o^0}\hat{y} + \frac{\partial f_k}{z_o^0}\hat{z} + v_k \tag{5-4}$$

$(x_o^0, \ y_o^0, \ z_o^0)$ 为应答器的初始值，可由三点交会定位得到，进行迭代，直到应答器的位置改正量小于所取界限。将上式写成矩阵形式，即

$$V = B\hat{p} - l \tag{5-5}$$

其中，

$$V = \begin{bmatrix} v_1 & v_2 & \cdots & v_k & \cdots & v_{n-1} & v_n \end{bmatrix}^{\mathrm{T}}$$

$$B = \begin{bmatrix} \dfrac{\partial f_1}{\partial x_o} & \dfrac{\partial f_1}{\partial y_o} & \dfrac{\partial f_1}{\partial z_o} \\ \vdots & \vdots & \vdots \\ \dfrac{\partial f_{i-1}}{\partial x_o} & \dfrac{\partial f_{i-1}}{\partial y_o} & \dfrac{\partial f_{i-1}}{\partial z_o} \\ \vdots & \vdots & \vdots \\ \dfrac{\partial f_n}{\partial x_o} & \dfrac{\partial f_n}{\partial y_o} & \dfrac{\partial f_n}{\partial z_o} \end{bmatrix}$$

$$\boldsymbol{l} = \begin{bmatrix} l_1 & l_2 & \cdots & l_k & \cdots & l_{n-1} & l_n \end{bmatrix}^{\mathrm{T}}$$

$$l_k = \rho_{sko} - f(p_o^0, \, p_k)$$

根据最小二乘准则，可得

$$\hat{\boldsymbol{p}} = (\boldsymbol{B}^{\mathrm{T}} \boldsymbol{P} \boldsymbol{B})^{-1} \boldsymbol{B}^{\mathrm{T}} \boldsymbol{P} \boldsymbol{l} \tag{5-6}$$

$$\hat{\sigma}_0 = \sqrt{\frac{\boldsymbol{V}^{\mathrm{T}} \boldsymbol{P} \boldsymbol{V}}{n - 3}} \tag{5-7}$$

$$\hat{\boldsymbol{Q}}_{pp} = (\boldsymbol{B}^{\mathrm{T}} \boldsymbol{P} \boldsymbol{B})^{-1} \tag{5-8}$$

其中，$\hat{\boldsymbol{p}} = \begin{bmatrix} \hat{x} & \hat{y} & \hat{z} \end{bmatrix}$；$\boldsymbol{P}$ 为对角权阵，对角线上的权取为相应观测距离的倒数；$\hat{\sigma}_0$ 为单位权方差，$\hat{\boldsymbol{Q}}_{pp}$ 为协因数阵。

5.2 附加深度约束的交会定位

在野外声学采集得到的观测数据所构成的图形强度较差的情况下，如果在应答器上集成压力传感器获得定位时该应答器位置的水深值 S_o 作为约束，那么定位精度将会得到改善。此时观测方程为

$$\rho_{lko} = \boldsymbol{l}(\boldsymbol{l}_o, \, \boldsymbol{l}_k) + \delta\rho_{lko} \tag{5-9}$$

式中，

$$\rho_{lko} = \sqrt{\rho_{sko}^2 - (S_o)^2}$$

$$\boldsymbol{l}_o = \begin{bmatrix} x_o \\ y_o \end{bmatrix}, \quad \boldsymbol{l}_k = \begin{bmatrix} x_k \\ y_k \end{bmatrix}$$

为简化计算，线性化后的方向余弦为

$$a_{lko} = \begin{bmatrix} \dfrac{\partial l}{\partial x_o} & \dfrac{\partial l}{\partial y_o} \end{bmatrix} \tag{5-10}$$

其中，

$$\frac{\partial l}{\partial x_o} = \frac{\dfrac{\partial f}{\partial x_o}}{\sqrt{\left(\dfrac{\partial f}{\partial x_o}\right)^2 + \left(\dfrac{\partial f}{\partial y_o}\right)^2}}$$

$$\frac{\partial l}{\partial y_o} = \frac{\dfrac{\partial f}{\partial y_o}}{\sqrt{\left(\dfrac{\partial f}{\partial x_o}\right)^2 + \left(\dfrac{\partial f}{\partial y_o}\right)^2}}$$

则矩阵 $\boldsymbol{b}$ 和 $\boldsymbol{p}$ 变为

$$\boldsymbol{b} = \boldsymbol{CBD}$$
$$\boldsymbol{p} = \boldsymbol{EP}$$

$$(5\text{-}11)$$

其中，$\boldsymbol{C}$、$\boldsymbol{E}$ 为对角阵。

$$\boldsymbol{C}(i,\ i) = \frac{1}{\sqrt{\left(\dfrac{\partial f_i}{\partial x_o}\right)^2 + \left(\dfrac{\partial f_i}{\partial y_o}\right)^2}} > 1$$

$$\boldsymbol{E}(i,\ i) = \frac{\rho_i}{\sqrt{\rho_i^2 - d_i^2}} > 1$$

$$\boldsymbol{D} = \begin{bmatrix} 1 & 0 \\ 0 & 1 \\ 0 & 0 \end{bmatrix}$$

协因数阵为

$$(\boldsymbol{b}^{\mathrm{T}}\boldsymbol{pb})^{-1} = (\boldsymbol{D}^{\mathrm{T}}\boldsymbol{B}^{\mathrm{T}}\boldsymbol{P}_{\text{new}}\boldsymbol{D})^{-1} = (\boldsymbol{B}^{\mathrm{T}}\boldsymbol{P}_{\text{new}}\boldsymbol{BF})^{-1} \qquad (5\text{-}12)$$

其中，

$$\boldsymbol{P}_{\text{new}} = \boldsymbol{C}^{\mathrm{T}}\boldsymbol{EPC}$$

$$\boldsymbol{F} = \begin{bmatrix} 1 & & \\ & 1 & \\ & & 0 \end{bmatrix}$$

几何精度因子为

$$\mathrm{GDOP} = \sqrt{\mathrm{tr}\,(\boldsymbol{b}^{\mathrm{T}}\boldsymbol{pb})^{-1}} < \sqrt{\mathrm{tr}\,(\boldsymbol{B}^{\mathrm{T}}\boldsymbol{P}_{\text{new}}\boldsymbol{B})^{-1}}$$

$$= \sqrt{\mathrm{tr}\,(\boldsymbol{BB}^{\mathrm{T}}\boldsymbol{P}_{\text{new}})^{-1}} < \sqrt{\mathrm{tr}\,(\boldsymbol{BB}^{\mathrm{T}}\boldsymbol{P})^{-1}} = \sqrt{\mathrm{tr}\,(\boldsymbol{B}^{\mathrm{T}}\boldsymbol{PB})^{-1}} \qquad (5\text{-}13)$$

由式(5-13)可知，附加深度约束后，能减小几何精度因子，提高定位精度。

我们在松花湖进行了一次导航试验，利用五个应答器对测量船进行定位，同时利用 GPS 天线接收卫星信号，获得船体 WGS-84 坐标作为真值。如图 5-3 所示,作业船分别在应答器中心区域和边缘区域航行进行定位,将两种方法(传统方法和附加深度约束的交会定位方法)解算的船体坐标与真值进行比较,得到两种方法的定位误差。由表5-1可知,无论在应答器中心区域还是边缘区域,附加深度约束的交会定位方法都能取得优于传统交会定位方法的定位精度。

表 5-1 不同定位方法下应答器定位精度比较

定位方法	$x(\mathrm{m})$	$y(\mathrm{m})$	$\mathrm{d}x(\mathrm{m})$	$\mathrm{d}y(\mathrm{m})$	$\mathrm{d}s(\mathrm{m})$	$\sigma_x(\mathrm{m})$	$\sigma_y(\mathrm{m})$	$\sigma_{xy}(\mathrm{m})$
传统方法	4841913.678	315850.624	−1.078	2.171	2.424	0.677	0.974	1.186
附加深度约束	4841913.551	315850.163	−1.204	1.71	2.091	0.493	0.303	0.579
传统方法	4842073.109	315492.128	0.465	−0.492	0.677	0.916	1.071	1.409
附加深度约束	4842072.841	315492.768	0.197	0.148	0.246	0.76	0.519	0.92
传统方法	4842003.946	316465.532	−2.421	−0.833	2.56	1.209	1.455	1.892
附加深度约束	4842003.923	316466.041	−2.444	−0.324	2.465	1.013	0.154	1.024

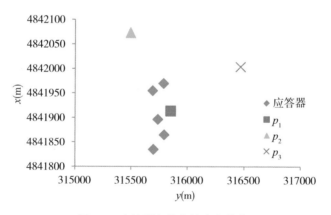

图 5-3 应答器与待求航迹点分布

5.3 距离单差分定位

5.3.1 差分定位原理

GPS距离单差分定位可以分为卫星间差分定位和测站间差分定位。卫星间差分定位技术，即地面 GPS 接收机同时接受至少 3 颗卫星信号，对所得的几何距离求差作为观测值，可以消除或削弱传播路径和接收机有关的误差；测站间差分定位技术是指对地面两个测站测得的多组距离求差，可以消除或削弱与卫星有关的误差。

类似的，在水下定位中，船载换能器相当于卫星，水下应答器相当于 GPS 接收机，船体在航行过程中，可以求得不同位置、不同时刻的多组观测值，在船体不同位置的观测值间取一次差分，可以有效地消除或削弱声速结构误差的影响，对船体换能器到多个应答器的多组距离求差，可以有效地消除或削弱与船载换能器相关误差的影响。

$$\rho_{sio} = f(\boldsymbol{p}_o, \ \boldsymbol{p}_i) + \delta\rho_{dsio} + \delta\rho_{vsio} + \varepsilon_{io}$$
$$\rho_{sjo} = f(\boldsymbol{p}_o, \ \boldsymbol{p}_j) + \delta\rho_{dsjo} + \delta\rho_{vsjo} + \varepsilon_{jo}$$

$$(5\text{-}14)$$

对上式进行线性化，得

$$\rho_{sio} - f(\boldsymbol{p}_o^0, \ \boldsymbol{p}_i) = a_{sio}d\boldsymbol{p}_o + \delta\rho_{dsio} + \delta\rho_{vsio} + \varepsilon_{io} + b_{sio}d\boldsymbol{p}_i$$
$$\rho_{sjo} - f(\boldsymbol{p}_o^0, \ \boldsymbol{p}_j) = a_{sjo}d\boldsymbol{p}_o + \delta\rho_{dsjo} + \delta\rho_{vsjo} + \varepsilon_{jo} + b_{sjo}d\boldsymbol{p}_j$$

$$(5\text{-}15)$$

式中，$\boldsymbol{p}_o^0$ 是 $\boldsymbol{p}_o$（应答器位置）的近似值，$\boldsymbol{p}_i\boldsymbol{p}_j$ 分别为船载换能器在 $t_i t_j$ 时刻的位置；$a_{sio}a_{sjo}$ 分别为 f 在 $t_i t_j$ 时刻对水下应答器位置的一次导数系数；$b_{sio}b_{sjo}$ 分别为 f 在 $t_i t_j$ 时刻对船载换能器位置的一次导数系数；$d p_i d p_j$ 分别为船载换能器位置误差；$\delta\rho_{dsio}\delta\rho_{dsjo}$ 分别为 $t_i t_j$ 时刻船载换能器到应答器之间的时间延迟产生的系统误差；$\delta\rho_{vsio}\delta\rho_{vsjo}$ 分别为 $t_i t_j$ 时刻由声速结构变化引起的系统误差；$\varepsilon_{io}\varepsilon_{jo}$ 分别为 $t_i t_j$ 时刻的随机误差；$\rho_{sio}\rho_{sjo}$ 分别为 $t_i t_j$ 时刻换能器到应答器的观测值，为常数项。其中，

$$\boldsymbol{p}_o = \begin{bmatrix} x_o \\ y_o \\ z_o \end{bmatrix}, \ \boldsymbol{p}_i = \begin{bmatrix} x_i \\ y_i \\ z_i \end{bmatrix}, \ \boldsymbol{p}_j = \begin{bmatrix} x_j \\ y_j \\ z_j \end{bmatrix}, \ d\boldsymbol{p}_o = \begin{bmatrix} dx_o \\ dy_o \\ dz_o \end{bmatrix}, \ d\boldsymbol{p}_i = \begin{bmatrix} dx_i \\ dy_i \\ dz_i \end{bmatrix}, \ d\boldsymbol{p}_j = \begin{bmatrix} dx_j \\ dy_j \\ dz_j \end{bmatrix}$$

$$a_{sio} = \left(\frac{\partial f_i}{\partial x_o}, \ \frac{\partial f_i}{\partial y_o}, \ \frac{\partial f_i}{\partial z_o} \right), \ b_{sio} = \left(\frac{\partial f_i}{\partial x_i}, \ \frac{\partial f_i}{\partial y_i}, \ \frac{\partial f_i}{\partial z_i} \right)$$

$$f(\boldsymbol{p}_o^0, \ \boldsymbol{p}_i) = \sqrt{(x_i - x_o^0)^2 + (y_i - y_o^0)^2 + (z_i - z_o^0)^2}$$

$$\frac{\partial f_i}{\partial x_o} = -\frac{\partial f_i}{\partial x_i} = \frac{x_o^0 - x_i}{f(p_o^0, \ p_k)}, \ \frac{\partial f_i}{\partial y_o} = -\frac{\partial f_i}{\partial y_i} = \frac{y_o^0 - y_i}{f(p_o^0, \ p_k)}, \ \frac{\partial f_i}{\partial z_o} = -\frac{\partial f_i}{\partial z_i} = \frac{z_o^0 - z_i}{f(p_o^0, \ p_k)}$$

对上式做距离差分，得

$$\Delta\rho_{ij} = (a_{sio} - a_{sjo})dx_p + \Delta\rho_{dsijo} + \Delta\rho_{dvijo} + \Delta p_{ij} + \Delta\varepsilon_{ijo} \qquad (5\text{-}16)$$

$$\Delta\rho_{ij} = \rho_{sio} - f(\boldsymbol{p}_o^0, \boldsymbol{p}_i) - \rho_{sjo} + f(\boldsymbol{p}_o^0, \boldsymbol{p}_j)$$

$$\Delta\rho_{dsijo} = \delta\rho_{dsio} - \delta\rho_{dsjo}$$

$$\Delta\rho_{vsijo} = \delta\rho_{vsio} - \delta\rho_{vsjo}$$

$$\Delta p_{ij} = b_{sio}\delta\boldsymbol{p}_i - b_{sjo}\delta\boldsymbol{p}_j$$

$$\Delta\varepsilon_{ijo} = \varepsilon_{io} - \varepsilon_{jo}$$

式中，$\Delta\rho_{ij}$ 为常数项；$\Delta\varepsilon_{ijo}$ 为偶然误差项；$\Delta\rho_{dsijo}$ 时间延迟产生的系统误差的单差值；$\Delta\rho_{dvijo}$ 为声速结构变化引起的系统误差的单差值，Δp_{ij} 为船载换能器位置引起的误差的单差值。

对于同一个水下应答器和同一个船载换能器，时间延迟相等，$\Delta\rho_{dsijo} \approx 0$；若相邻的两次测距时间间隔足够小，船体的相邻时刻位置足够接近，则两时刻的声速结构可视为相同，$\Delta\rho_{dvijo} \approx 0$；较短时间间隔内船载换能器的位置引起的误差也近乎相等，故 $\Delta p_{ij} \approx 0 = 0$。若相邻位置不够接近，时间间隔不够小，则仍需考虑声速结构变化和换能器位置的影响，若船体对称航行，可进一步削弱声速结构变化和换能器位置的影响。

$$\rho_{sio} - f(\boldsymbol{p}_o^0, \boldsymbol{p}_i) - \rho_{sio} + f(\boldsymbol{p}_o^0, \boldsymbol{p}_j) = (a_{sio} - a_{sjo})\hat{\boldsymbol{p}} + v_{ij} \qquad (5\text{-}17)$$

p_o^0 为应答器的初始值，可由三点交会定位得到，进行迭代，直到应答器的位置改正量小于所取界限。将上式写成矩阵形式，即

$$\boldsymbol{V} = \boldsymbol{A}\hat{\boldsymbol{p}} - \boldsymbol{l} \qquad (5\text{-}18)$$

其中，

$$\boldsymbol{V} = \begin{bmatrix} v_{12} & v_{23} & \cdots & v_{ii-1} & \cdots & v_{n-2n-1} & v_{n-1n} \end{bmatrix}^{\mathrm{T}}$$

$$\boldsymbol{A} = \begin{bmatrix} \dfrac{\partial f_1}{\partial x_o} - \dfrac{\partial f_2}{\partial x_o} & \dfrac{\partial f_1}{\partial y_o} - \dfrac{\partial f_1}{\partial y_o} & \dfrac{\partial f_1}{\partial z_o} - \dfrac{\partial f_1}{\partial z_o} \\ \vdots & \vdots & \vdots \\ \dfrac{\partial f_{i-1}}{\partial x_o} - \dfrac{\partial f_i}{\partial x_o} & \dfrac{\partial f_{i-1}}{\partial y_o} - \dfrac{\partial f_i}{\partial y_o} & \dfrac{\partial f_{i-1}}{\partial z_o} - \dfrac{\partial f_i}{\partial z_o} \\ \vdots & \vdots & \vdots \\ \dfrac{\partial f_{n-1}}{\partial x_o} - \dfrac{\partial f_n}{\partial x_o} & \dfrac{\partial f_{n-1}}{\partial y_o} - \dfrac{\partial f_n}{\partial y_o} & \dfrac{\partial f_{n-1}}{\partial z_o} - \dfrac{\partial f_n}{\partial z_o} \end{bmatrix}$$

$$\boldsymbol{l} = \begin{bmatrix} l_{12} & l_{23} & \cdots & l_{i-1i} & \cdots & l_{n-2n-1} & l_{n-1n} \end{bmatrix}^{\mathrm{T}}$$

$$l_{ij} = \rho_{sio} - f(\boldsymbol{p}_o^0,\ \boldsymbol{p}_i) - \rho_{sio} + f(\boldsymbol{p}_o^0,\ \boldsymbol{p}_j)$$

根据最小二乘准则，可得

$$\hat{\boldsymbol{p}} = (\boldsymbol{A}^{\mathrm{T}} \Delta \boldsymbol{P} \boldsymbol{B})^{-1} \boldsymbol{A}^{\mathrm{T}} \Delta \boldsymbol{P} \boldsymbol{l} \tag{5-19}$$

$$\hat{\boldsymbol{\sigma}}_0 = \sqrt{\frac{\boldsymbol{V}^{\mathrm{T}} \boldsymbol{P} \boldsymbol{V}}{n-4}} \tag{5-20}$$

$$\hat{\boldsymbol{Q}}_{pp} = (\boldsymbol{B}^{\mathrm{T}} \boldsymbol{P} \boldsymbol{B})^{-1} \tag{5-21}$$

其中，ΔP 为权阵，可由协方差传播率求出。由于 P 为交会定位时的权阵，其倒数为协方差阵，故有

$$\frac{1}{\Delta \boldsymbol{P}} = \boldsymbol{C} \frac{1}{\boldsymbol{P}} \boldsymbol{C}^{\mathrm{T}} \tag{5-22}$$

其中，

$$\boldsymbol{C} = \begin{bmatrix} 1 & -1 & & & & \\ & 1 & -1 & & & \\ & & \cdots & \cdots & & \\ & & & 1 & -1 & \\ & & & & 1 & -1 \end{bmatrix}$$

5.3.2　声线入射角对测距的影响

根据已有的声速剖面 SVP、声线初始入射角 θ 及声线传播时间 t，可进行声线跟踪求得船载换能器到水下应答器的距离，也可将 harmonic 平均声速 C_H 与传播时间 t 的乘积作为观测距离。由于声线跟踪时，需考虑多个声速层上的多个入射角，为简化处理，以下仅讨论后一种方法。

$$\mathrm{d}\rho_v = t \mathrm{d}C_H \approx \frac{\Delta z}{C_H \cos\theta} \mathrm{d}C_H \tag{5-23}$$

式中，$\mathrm{d}\rho_v$ 为声速结构变化引起的系统误差；Δz 为换能器与应答器间的深度差；C_H 为 harmonic 平均声速；t 为声线传播时间；θ 为声线入射角；$\mathrm{d}C_H$ 为 harmonic 平均声速误差，代表声速结构的变化。

如图 5-4 所示，声线入射角越大 θ，声速结构变化引起的系统误差 $\mathrm{d}\rho_v$ 就越大，测距误差越大。因此，为保证观测精度，应尽量采用入射角较小的观测边。

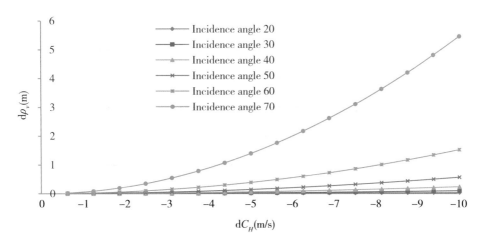

图 5-4　不同入射角时，声速误差 $\mathrm{d}C_H$ 对测距误差的影响

5.3.3　声线入射角对测距单差值的影响

对入射角接近的两个观测边求单差值，将其作为观测量进行平差，则声线入射角对测距误差单差值的影响可表示为

$$\Delta\rho_{vij} = \mathrm{d}\rho_{vi} - \mathrm{d}\rho_{vj} \approx \frac{\Delta z \mathrm{d}C_H}{C_H}\left(\frac{1}{\cos\theta_i} - \frac{1}{\cos\theta_j}\right) \tag{5-24}$$

当换能器到两应答器间的入射角接近时，声速结构变化引起的误差可以得到有效的消除或削弱。令 $\Delta z = 100\mathrm{m}$，$\mathrm{d}C_H = 1.5\mathrm{m/s}$，$C_H = 1500\mathrm{m/s}$，如图 5-5 所示，越靠近对角线，入射角大小越接近，声速结构变化引起的系统误差单差 $\Delta\rho_{dvijo}$ 越小。

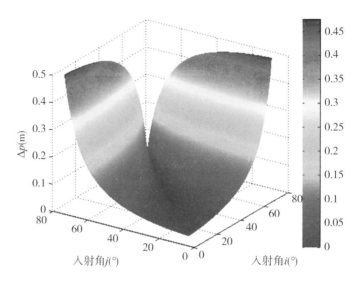

图 5-5　入射角对距离单差值的影响

表 5-2　　　　　　　　　入射角及入射角间距对距离单差值的影响

入射角 i(°) $\Delta\rho_{vij}$(m) 入射角 j(°)	10	20	30	40	50	60	70	80
10	0.000	0.005	0.014	0.029	0.054	0.099	0.191	0.474
20	0.005	0.000	0.009	0.024	0.049	0.094	0.186	0.470
30	0.014	0.009	0.000	0.015	0.040	0.085	0.177	0.460
40	0.029	0.024	0.015	0.000	0.025	0.070	0.162	0.445
50	0.054	0.049	0.040	0.025	0.000	0.044	0.137	0.420
60	0.099	0.094	0.085	0.070	0.044	0.000	0.092	0.376
70	0.191	0.186	0.177	0.162	0.137	0.092	0.000	0.284
80	0.474	0.470	0.460	0.445	0.420	0.376	0.284	0.000

由表 5-2 可知，入射角及入射角间距越小，$\Delta\rho_{dvijo}$ 越小、反之，$\Delta\rho_{dvijo}$ 越大。如入射角小于 70°，入射角间距小于 20°，能较好地削弱声速结构变化误差的

影响。

当水下应答器围绕船载换能器对称分布时，入射角间距约为 0。显然，对称布设水下应答器，可提高差分方法的定位精度。

5.3.4 试验分析

本节介绍两次对水下应答器定位的试验：其一在松花湖进行，其二在南海进行。

在松花湖试验中，采用了 5 个应答器和一个换能器，测距精度可达 0.1%。标记为 C2、C4、C5、C6 和 C8 的应答器布设在 60m 水深的湖底，试验区域及应答器的分布如图 5-6(a)(b)所示，声速剖面如图 5-6(c)所示。

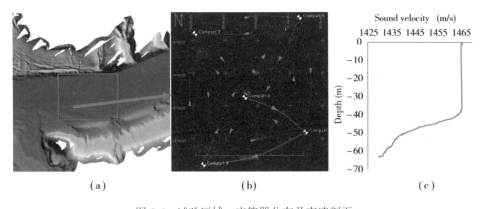

图 5-6 试验区域、应答器分布及声速剖面

在松花湖进行了一次圆走航定位试验，分别绕 5 个应答器测距，并用传统方法和差分方法解算，围绕 C2 应答器的航迹如图 5-7 所示。通过测量每个航迹点上换能器到应答器之间的传播时间，可以得到所有的传播时间 T。首先，通过声线跟踪可得到换能器到应答器之间的弦线距离 ρ。另外，也可将表层声速距离与观测时间的乘积作为观测距离 S。相应地，分别将两个距离观测量 ρ 和 S 较差，可获得两个差分观测量 $\Delta\rho$ 和 ΔS。最后，分别将弦线距离 ρ、差分距离 $\Delta\rho$ 及差分距离 ΔS 作为观测量，可得到应答器的 3 个定位坐标。

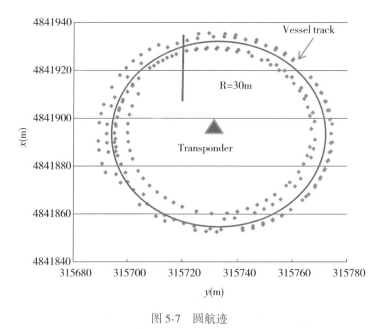

图 5-7　圆航迹

　　分别利用传统方法、差分方法 1、差分方法 2 对应答器进行定位，可分别获得每个应答器的坐标，其中，传统方法将弦线距离 ρ 作为观测量参与平差，差分方法 1 将差分距离 $\Delta\rho$ 作为观测量参与平差，差分方法 2 将差分距离 ΔS 作为观测量参与平差。

　　表 5-3 列出了松花湖试验中，不同方法的定位精度。σ_x，σ_y 和 σ_{xy} 分别为在 x 方向、y 方向和 xy 平面上的定位精度；d_x，d_y 和 d_{xy} 分别为两种差分方法相对传统方法在 x 方向、y 方向和 xy 平面上的定位误差。

表 5-3　　　　　　　　　　　松花湖试验三种定位结果比较

Transponder	Positioning method	x（m）	y（m）	σ_x（m）	σ_y（m）	σ_{xy}（m）	d_x（m）	d_y（m）	d_{xy}（m）
	Traditional	4841896.63	315736.45	0.01	0.01	0.01			
C2	Differential-1	4841896.67	315736.52	0.00	0.00	0.00	0.05	0.06	0.08
	Differential-2	4841896.67	315736.52	0.01	0.01	0.01	0.05	0.07	0.08

续表

Transponder	Positioning method	x(m)	y(m)	σ_x (m)	σ_y (m)	σ_{xy} (m)	d_x (m)	d_y (m)	d_{xy} (m)
C4	Traditional	4841864.90	315792.55	0.02	0.02	0.03			
	Differential-1	4841864.97	315792.61	0.04	0.04	0.05	0.06	0.06	0.09
	Differential-2	4841864.99	315792.60	0.04	0.04	0.06	0.08	0.04	0.10
C5	Traditional	4841955.05	315690.36	0.01	0.01	0.01			
	Differential-1	4841955.10	315690.37	0.00	0.00	0.00	0.05	0.02	0.05
	Differential-2	4841955.13	315690.39	0.01	0.01	0.01	0.08	0.03	0.09
C6	Traditional	4841835.10	315697.76	0.01	0.01	0.01			
	Differential-1	4841835.07	315697.77	0.00	0.00	0.00	−0.03	0.01	0.03
	Differential-2	4841835.07	315697.76	0.00	0.00	0.01	−0.03	0.00	0.03
C8	Traditional	4841969.70	315787.12	0.01	0.01	0.01			
	Differential-1	4841969.78	315787.19	0.00	0.00	0.00	0.08	0.07	0.11
	Differential-2	4841969.75	315787.16	0.02	0.02	0.02	0.05	0.04	0.06

定位坐标及定位精度如表 5-3 所示,三种方法在 x、y 方向上的定位精度都优于 0.04m。差分方法优于传统方法的定位精度,并且由于经过声线跟踪后,声线结构误差在 $\Delta\rho$ 中得到充分削弱,差分方法 1 精度比差分方法 2 精度稍高。

在南海试验中,一个应答器布设在 2000m 水深海底,测量船以不同的半径围绕应答器航行,形成 5 组圆航迹,如图 5-8(a)所示,试验区域声速剖面如图 5-8(b)所示。

表 5-4 列出了南海试验中,不同方法的定位精度。σ_x,σ_y 和 σ_{xy} 分别为在 x 方向、y 方向和 xy 平面上的定位精度;d_x,d_y 和 d_{xy} 分别为定位坐标相对平均坐标在 x 方向、y 方向和 xy 平面上的误差。

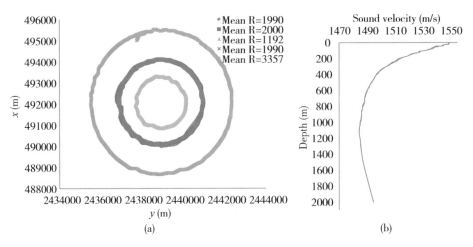

图 5-8　5 组圆航迹及试验区域声速剖面

表 5-4　南海试验三种定位结果比较

Mean R (m)	Positioning method	x (m)	y (m)	σ_x (m)	σ_y (m)	σ_{xy} (m)	d_x (m)	d_y (m)	d_{xy} (m)
1192	Traditional	492004.68	2438926.71	0.22	0.21	0.30	3.19	-0.92	3.32
	Differential-1	491999.73	2438929.56	0.16	0.22	0.27	0.78	0.82	1.13
	Differential-2	491999.77	2438929.51	0.17	0.22	0.28	0.82	0.78	1.13
1957	Traditional	492001.35	2438928.86	0.12	0.12	0.18	-0.14	1.23	1.24
	Differential-1	491999.95	2438928.82	0.27	0.09	0.28	1.00	0.08	1.00
	Differential-2	491998.40	2438928.08	0.24	0.15	0.28	-0.55	-0.65	0.86
1990	Traditional	492000.73	2438930.14	0.18	0.19	0.26	-0.77	2.51	2.62
	Differential-1	491999.59	2438929.05	0.15	0.11	0.19	0.65	0.31	0.72
	Differential-2	491999.60	2438928.06	0.15	0.11	0.19	0.65	-0.67	0.94
2000	Traditional	492001.20	2438928.59	0.12	0.12	0.17	-0.29	0.95	1.00
	Differential-1	491998.15	2438929.07	0.21	0.11	0.24	-0.80	0.33	0.87
	Differential-2	491998.17	2438929.04	0.22	0.11	0.24	-0.78	0.30	0.83
3357	Traditional	492000.49	2438923.86	0.08	0.08	0.11	-1.00	-3.77	3.90
	Differential-1	491998.06	2438928.11	0.14	0.07	0.16	-0.89	-0.62	1.09
	Differential-2	491998.07	2438928.06	0.15	0.08	0.17	-0.88	-0.68	1.11

三种方法的定位结果如表 5-4 所示。比较三组定位结果，可以看出，采用不同半径圆航迹定位时，相对于差分方法，传统方法的定位结果变化较大。将相同方法的 5 个定位结果取均值，分别得到三种方法的平均坐标为（492001.49，2438927.63），（491998.95，2438928.74）和（491998.95，2438928.74）。差分方法有优于传统方法的定位精度，并且由于经过声线跟踪后，声线结构误差在 $\Delta\rho$ 中得到充分削弱，差分方法 1 精度比差分方法 2 精度稍高。

5.4　定位方法的优选问题

为了选取经济而又具有可靠精度的定位方法，我们做了作业船对水下应答器进行三种定位方法的对称航迹和非对称航迹试验，其航迹如图 5-9 所示，蓝色点为作业船航迹，红色点为选取的对称航迹点，✕为非对称航迹点，绿色三角形为应答器。

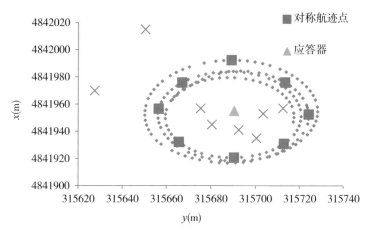

图 5-9　对称航迹和非对称航迹试验

定位精度如表 5-5 所示。当航迹对称时，附加深度约束的定位方法的精度稍好于传统的距离交会定位，差分定位方法的定位精度显著优于距离交会定位方法。当航迹不对称时，附加深度约束的交会定位方法取得了较好的定位精度，传统的距离交会方法次之，差分方法定位精度最差。

表 5-5　　　　　三种定位方法的对称航迹和非对称航迹试验结果比较

定位方法	航迹点	$x(m)$	$y(m)$	$\sigma_x(m)$	$\sigma_y(m)$	$\sigma_{xy}(m)$
距离交会定位	对称	315690.370	4841955.103	0.019	0.019	0.026
附加深度约束	对称	315690.370	4841955.098	0.016	0.017	0.024
距离单差分定位	对称	315690.374	4841955.102	0.000	0.000	0.001
距离交会定位	非对称	315690.388	4841955.620	0.132	0.169	0.214
附加深度约束	非对称	315690.268	4841955.916	0.099	0.125	0.159
距离单差分定位	非对称	315690.258	4841955.840	0.143	0.203	0.248

综上，若兼顾定位精度和工作量，当航迹点对称时，建议采用差分定位方法。若水下应答器能够集成高精度的压力传感器，建议采用附加深度约束的交会定位方法。若以上条件都不满足，则可采用传统的距离交会定位方法。

综上，三种定位方法：距离交会定位方法、附加深度约束的交会定位方法以及差分定位方法，其中，距离交会定位方法是传统的定位方法，精度较差；附加深度约束后，定位精度能显著提高；差分定位方法适合无声速剖面，对称航迹、入射角不大的情况。

5.5　本章小结

本章对海底电缆声学定位方法进行了系统的研究。首先介绍了传统的距离交会定位法及其存在的不足之处，如野外作业过程繁杂、严格依赖声速剖面及精度不高等。

为此，提出了以压力传感器提供的水深数据作为约束的附加深度约束的声学定位方法，该方法在交会定位图形强度较差的情况下，依然可以实现米级定位精度，极大地改善了复杂海洋环境和较差几何强度下海底应答器的定位精度。

最后，通过比较，认为传统距离交会定位方法精度较差、作业过程繁杂、严格依赖声速剖面。附加深度约束后，定位精度能显著提高。差分定位方法适合无声速剖面，对称航迹及入射角不大的情况。

第6章　声学定位航迹线优化及航迹点优选研究

利用声学定位系统进行海底电缆定位的精度和效率，受到具体的不同定位方法影响之外，其精度还会受到以下两个方面的因素影响：一是观测量的精度；二是作业船声学换能器的位置在空间的几何分布，即定位航迹线的几何图形。本章将着重从定位航迹线的几何设计和处理过程中航迹点的优选出发，研究其对定位精度的影响，以提高野外声学定位作业定位精度和作业效率。

6.1　航迹形状分析

顾及航迹对称性，作业船航行时，可采用对称的平行航迹、S形航迹或圆航迹。

若采用圆航迹，工作量较大，一般只在系统校正时采用，不便于野外生产，本书不做详细讨论。假设水下电缆待求应答器个数为 n_1，且保证作业船走航时等距离间隔采样，若采用平行航迹对电缆应答器定位，存在一个最优的平行航迹宽度选取使电缆应答器定位精度最高且作业效率高的问题。当取最优的航迹宽度时，比较平行航迹与S形航迹的定位精度及航迹长度，以确定一种工作量较小、定位精度较高的航迹。

6.1.1　平行航迹宽度选取

令平行航迹对称布设，则需考虑平行航迹宽度对定位精度的影响。

假设航线上的航迹点足够密集，如图6-1所示，红色点为电缆上的应答器，蓝色点为航迹采样点。采样间距为 r，航线宽度为 d，深度为 h，每条航

第 6 章 声学定位航迹线优化及航迹点优选研究

线上有 n 个采样点，令 r 足够小，n 足够大，可以作深度 h 与航线宽度 d 对几何精度因子影响的三维图，如图 6-2 所示。

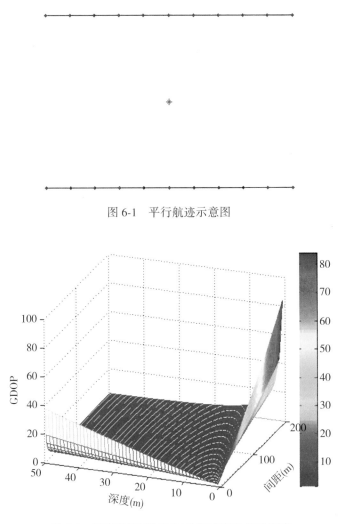

图 6-1　平行航迹示意图

图 6-2　深度及航迹间距对几何精度因子的影响

图 6-2 中，当 h 一定时，航迹宽度 $d=dm$ 时，GDOP 有最小值。作 dm 与 h 的关系图，利用最小二乘拟合法可求出采样宽度 dm 与深度 h 的关系。具体步骤如下：

建立线性模型

$$dm = k \cdot h \qquad (6\text{-}1)$$

令 $\delta_i = dm_i - k \cdot h_i$，作为深度为 h_i 时的拟合残差。

使所有深度时的拟合残差平方和最小，即

$$Q = \sum_{i=1}^{n} \delta_i^2 = \min \qquad (6\text{-}2)$$

结合 $\dfrac{\partial Q}{\partial k} = -2\sum_{i=1}^{n}(dm_i - k \cdot h_i)h_i = 0$，可得

$$k = \dfrac{\displaystyle\sum_{i=1}^{n} dm_i h_i}{\displaystyle\sum_{i=1}^{n} h_i^2} \qquad (6\text{-}3)$$

代入实验数据，可求出 $k = 1.72$，说明采样宽度 $dm = 1.72h$ 时，几何精度因子最小，如图 6-3 所示。

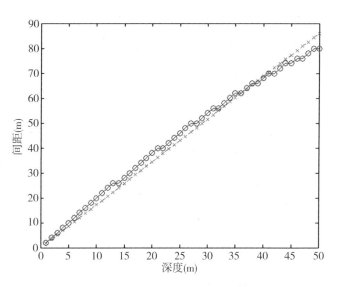

图 6-3　GDOP 最小时的航迹间距

因此，若平行航迹上的采样点足够密集，建议设置平行航迹的宽度为 $d = 1.72h$。

6.1.2 S形航迹

假设水下布设 n_2 条电缆，每条电缆上布设 n_1 个应答器，每个应答器控制面积为 $r_1 \times r_2$，组成面积为 $a \times b$ 的长方形阵列。若采用平行航迹，则需分别围绕每条电缆采用平行航迹采集数据，工作量较大，因此考虑设计一种 S 形航迹，测量船穿过 n_2 条电缆的水平投影，同时对其测距并解算。

令 $n_1 = 5$，$n_2 = 5$，$a \times b = 40\text{m} \times 40\text{m}$，每个应答器之间相距 10m。在不同水深 h 下，分别采用平行航迹及 S 形航迹对其电缆上的应答器 a、b、c 定位，航迹如图 6-4 所示。水下布设 5 条电缆，每条电缆上有 5 个应答器，点画虚线代表平行航迹，实线代表 S 形航迹。

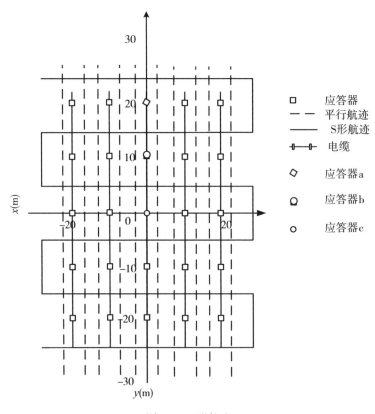

图 6-4　S形航迹

　　两种航迹下，应答器的几何精度因子 GDOP 随水深 h 变化情况如图 6-5 所示。图 6-5(a)、(b)、(c)分别为中心应答器 a、应答器 b、边缘应答器 c 的几何精度因子 GDOP 变化情况。由于采样的航迹点足够密集、范围足够大，两个应答器的几何精度因子差异不大，而在 S 形航迹下，3 个应答器的几何精度因子 GDOP 都优于平行航迹。

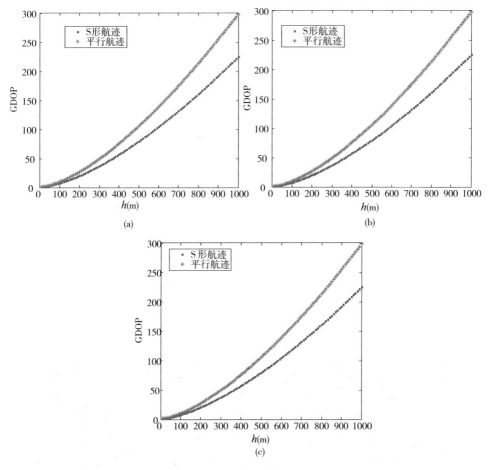

图 6-5　应答器 a、b、c 的 GDOP

　　S 形航迹不仅具有优于平行航迹的 GDOP，而且总的航迹长度小于平行航迹，能够减小工作量，提高工作效率。

如图 6-4 所示，S 形航迹长度为 $l_1 = 6 \times 50 + 5 \times 10 = 350\text{m}$。平行航迹总长为 $l_2 = 5 \times [(2 \times 50) + 3.34 \times h] = 1000 + 17.2h$。很明显，S 形航迹总长度小于平行航迹总长度。

若每个应答器相距 10m，一般情况下，S 形航迹总长度为 $l_1 = 10 \times n_2 \times (n_1 + 1) + 2 \times 10 \times n_1$，平行航迹总长度为 $l_2 = n_2 \times (2 \times 10 \times n_1 + 3.34h)$，只需满足 $n_1 > 3$，$n_2 > 2$，即水下布设有 2 条以上电缆，每个电缆上布设 3 个以上应答器，S 形航迹总长度 l_1 便小于平行航迹总长度 l_2。

若布设多条电缆，建议采用 S 形航迹对电缆应答器定位，相对于平行航迹，其定位精度更高、工作量更小。

6.2　航迹点的优选问题

设计航迹后，每个应答器接收到不同航迹点上船载换能器的信号，可获得应答器到不同航迹点的观测距离。但在实际的定位作业过程中，不可能得到如图 6-6(a) 所示那样的比较理想的航迹点。由于海洋实际环境的影响得到如图 6-6(b) 的数据，作业船并不是在每一个航迹点上采集到合格的可靠观测值。另外，由于作业船声学采集航迹线的影响，以及在数据处理过程中，剔除掉一些粗差观测值后，参与计算的观测值构成的几何图形并不利于提高定位结果。因此，需要对每个应答器观测到的航迹点进行筛选，以获得最优的几何图形。

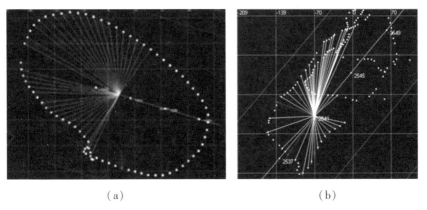

（a）　　　　　　　　　　　　　（b）

图 6-6　理想图形与实际图形

本节介绍一种航迹点的优选准则，根据航迹点的分布及观测边长范围，筛选出符合条件的航迹点，以保证应答器与航迹点构成的几何图形强度，以期提高数据后处理的精度。

6.2.1 航迹点个数对定位精度的影响

与卫星测量相似，GDOP 代表了待求应答器的定位精度。考虑航迹点个数对 GDOP 的影响。将第 $k+1$ 个航迹点到应答器的距离加入平差。矩阵 $\boldsymbol{B}$ 和 $\boldsymbol{P}$ 变为

$$\boldsymbol{B}_{k+1} = \begin{bmatrix} B_k \\ h_{k+1} \end{bmatrix} \tag{6-4}$$

式中，

$$\boldsymbol{h}_{k+1} = \left[\frac{\partial f_{k+1}}{\partial x_o}, \ \frac{\partial f_{k+1}}{\partial y_o}, \ \frac{\partial f_{k+1}}{\partial z_o} \right]$$

$$\boldsymbol{P}_{k+1} = \begin{bmatrix} P_k & 0 \\ 0 & q_{k+1} \end{bmatrix}$$

其中，q_{k+1} 为一个正数。很明显，

$$\boldsymbol{B}_{k+1}^{\mathrm{T}} \boldsymbol{P}_{k+1} \boldsymbol{B}_{k+1} = \boldsymbol{B}_k^{\mathrm{T}} \boldsymbol{P}_k \boldsymbol{B}_k + \boldsymbol{h}_{k+1}^{\mathrm{T}} q_{k+1} \boldsymbol{h}_{k+1} \tag{6-5}$$

根据矩阵反演公式

$$(\boldsymbol{D} + \boldsymbol{A}\boldsymbol{C}\boldsymbol{B})^{-1} = \boldsymbol{D}^{-1} - \boldsymbol{D}^{-1}\boldsymbol{A}(\boldsymbol{C}^{-1} + \boldsymbol{B}\boldsymbol{D}^{-1}\boldsymbol{A})^{-1}\boldsymbol{B}\boldsymbol{D}^{-1} \tag{6-6}$$

令 $\boldsymbol{A} = \boldsymbol{\alpha}^{\mathrm{T}}$ 为 n 维列向量，$\boldsymbol{B} = \boldsymbol{\alpha}$ 为 n 维行向量，$\boldsymbol{C} = \boldsymbol{q}$，则有

$$(\boldsymbol{D} + \boldsymbol{\alpha}^{\mathrm{T}} q \boldsymbol{\alpha})^{-1} = \boldsymbol{D}^{-1} - \boldsymbol{D}^{-1}\boldsymbol{\alpha}^{\mathrm{T}} \left(\frac{1}{q} + \boldsymbol{\alpha}\boldsymbol{D}^{-1}\boldsymbol{\alpha}^{\mathrm{T}} \right)^{-1} \boldsymbol{\alpha}\boldsymbol{D}^{-1} \tag{6-7}$$

其中，$1/q + \boldsymbol{\alpha}\boldsymbol{D}^{-1}\boldsymbol{\alpha}^{\mathrm{T}}$ 为一正数，故可得到

$$(\boldsymbol{D} + \boldsymbol{\alpha}^{\mathrm{T}} q \boldsymbol{\alpha})^{-1} = \boldsymbol{D}^{-1} - \frac{\boldsymbol{D}^{-1}\boldsymbol{\alpha}^{\mathrm{T}}\boldsymbol{\alpha}\boldsymbol{D}^{-1}}{\dfrac{1}{q} + \boldsymbol{\alpha}\boldsymbol{D}^{-1}\boldsymbol{\alpha}^{\mathrm{T}}} \tag{6-8}$$

因此

$$\begin{aligned} (\boldsymbol{B}_{k+1}^{\mathrm{T}} \boldsymbol{P}_{k+1} \boldsymbol{B}_{k+1})^{-1} &= (\boldsymbol{B}_k^{\mathrm{T}} \boldsymbol{P}_k \boldsymbol{B}_k + \boldsymbol{h}_{k+1}^{\mathrm{T}} q_{k+1} \boldsymbol{h}_{k+1})^{-1} \\ &= (\boldsymbol{B}_k^{\mathrm{T}} \boldsymbol{P}_k \boldsymbol{B}_k)^{-1} - \frac{(\boldsymbol{B}_k^{\mathrm{T}} \boldsymbol{P}_k \boldsymbol{B}_k)^{-1} \boldsymbol{h}_{k+1}^{\mathrm{T}} \boldsymbol{h}_{k+1} (\boldsymbol{B}_k^{\mathrm{T}} \boldsymbol{P}_k \boldsymbol{B}_k)^{-1}}{\dfrac{1}{q_{k+1}} + \boldsymbol{h}_{k+1} (\boldsymbol{B}_k^{\mathrm{T}} \boldsymbol{P}_k \boldsymbol{B}_k)^{-1} \boldsymbol{h}_{k+1}^{\mathrm{T}}} \end{aligned} \tag{6-9}$$

令 $f = 1/[1/q_{k+1} + h_{k+1}(\boldsymbol{B}_{k+1}^{\mathrm{T}}\boldsymbol{P}_k\boldsymbol{B}_k)^{-1}h_{k+1}^{\mathrm{T}}] > 0$，$\boldsymbol{\beta} = h_{k+1}(\boldsymbol{B}_k^{\mathrm{T}}\boldsymbol{P}_k\boldsymbol{B}_k)$，则有

$$(\boldsymbol{B}_{k+1}^{\mathrm{T}}\boldsymbol{P}_{k+1}\boldsymbol{B}_{k+1})^{-1} = (\boldsymbol{B}_k^{\mathrm{T}}\boldsymbol{P}_k\boldsymbol{B}_k)^{-1} - f\boldsymbol{\beta}^{\mathrm{T}}\boldsymbol{\beta} \tag{6-10}$$

$$\mathrm{GDOP}_{k+1}^2 = \mathrm{tr}\big[(\boldsymbol{B}_{k+1}^{\mathrm{T}}\boldsymbol{P}_{k+1}\boldsymbol{B}_{k+1})^{-1}\big] = \mathrm{tr}\big[(\boldsymbol{B}_k^{\mathrm{T}}\boldsymbol{P}_k\boldsymbol{B}_k)^{-1}\big] - \mathrm{tr}(f\boldsymbol{\beta}^{\mathrm{T}}\boldsymbol{\beta}) \tag{6-11}$$

由于

$$\mathrm{tr}(f\boldsymbol{\beta}^{\mathrm{T}}\boldsymbol{\beta}) = f \cdot \mathrm{tr}(\boldsymbol{\beta}^{\mathrm{T}}\boldsymbol{\beta}) = f \cdot \mathrm{tr}\big[(\boldsymbol{B}_k^{\mathrm{T}}\boldsymbol{P}_k\boldsymbol{B}_k)^{-1}h_{k+1}^{\mathrm{T}}h_{k+1}(\boldsymbol{B}_k^{\mathrm{T}}\boldsymbol{P}_k\boldsymbol{B}_k)^{-1}\big]$$

$$= h_{k+1}(\boldsymbol{B}^{\mathrm{T}}\boldsymbol{P}_k\boldsymbol{B}_k)^{-1}h_{k+1}^{\mathrm{T}} \cdot f \cdot \mathrm{tr}\big[(\boldsymbol{B}^{\mathrm{T}}\boldsymbol{P}_k\boldsymbol{B}_k)^{-1}\big] > 0$$

故有

$$\mathrm{GDOP}_{k+1} = \sqrt{\mathrm{tr}\big[(\boldsymbol{B}_k^{\mathrm{T}}\boldsymbol{P}_k\boldsymbol{B}_k)^{-1}\big] - \mathrm{tr}(f\boldsymbol{\beta}^{\mathrm{T}}\boldsymbol{\beta})} < \mathrm{GDOP}_k \tag{6-12}$$

上述公式说明，增加航迹点个数可以减小几何精度因子。若各航迹点到应答器的测距精度与其距离成正比，减小几何精度因子，即意味着提高了定位精度。若各航迹点到应答器的测距精度相差很大，则增加一个低质量的航迹点和观测距离，会降低定位精度。此时，须利用粗差判别准则，剔除可能存在的低质量观测边。

因此，设计航迹线时，应当使每个应答器有足够多的航迹点参与解算，之后利用粗差剔除准则舍去低质量观测边。而剔除粗差的传统方法在理论上是不严密的，更严密的数据探测法只适合仅存在一个粗差的情况。因此，还需要根据航迹点的分布、航迹点到应答器的距离，设计一种选取准则，使筛选后的航迹点与应答器构成的几何图形最优。

6.2.2　粗差检验

处理粗差的传统方法是根据平差结果，把观测值改正数作为评定是否存在粗差的标准。

船体在水面航行时，对水下的每个应答器都进行测距，很容易将带有粗差的观测边引入定位模型。此时，可根据 3σ 准则剔除质量差的观测边。

若应答器定位结果为 p_o，航迹点坐标为 p_i，观测距离为 ρ_{io}，则应答器到航机点的反算距离为

$$s_i = f(p_o^0, p_i) = \sqrt{(x_i - x_o^0)^2 + (y_i - y_o^0)^2 + (z_i - z_o^0)^2} \tag{6-13}$$

误差方程式为

$$v = B\hat{x} - (s - \rho) \tag{6-14}$$

若不存在粗差，则 v 服从 $N \sim (0, \sigma)$ 的正态分布，若对 v 进行标准化，便得到标准正态分布的随机变量

$$W' = \frac{v - E(v)}{\sigma} \tag{6-15}$$

W' 的绝对值小于 3 的概率为 99.7%。当某观测值改正数大于 3 倍中误差（$v_i > 3\sigma$）时，则认为该观测值可能有粗差，而应予剔除。

模拟一组船体航迹点以及 5 个水下应答器如图 6-7 所示。8 个航迹点坐标分别为：track1(200, 200, 0)，track 2(0, 200, 0)，track 3(200, -200, 0)，track 4(200, -200, 0)，track 5(0, -200, 0)，track 6(-200, -200, 0)，track 7(-200, 0, 0)，track 8(-200, 200, 0)，单位均为 m，并给航迹点的水平坐标附加 1m 的高斯误差，竖直方向附加 0.1m 的高斯误差。5 个水下应答器的三维坐标分别为 p1(0, 0, -100)，p2(10, 10, -100)，p3(-10, 10, -100)，p4(-10, -10, -100)，p5(10, -10, 100)，给所有航迹点到应答器的测量距离附加 0.1% 的随机测距误差，并给 track1 到 5 个应答器的距离附加 10m 的粗差。

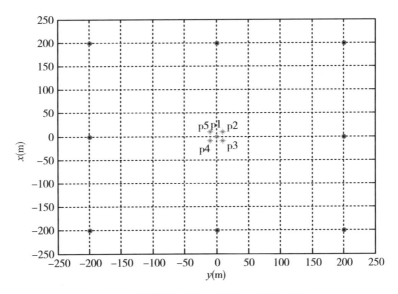

图 6-7　模拟航迹点与水下待求应答器分布

如表 6-1 所示，剔除粗差后，定位精度提高。

表6-1   剔除粗差前后的定位精度

点	处理方法	$x(\mathrm{m})$	$y(\mathrm{m})$	$z(\mathrm{m})$	$dx(\mathrm{m})$	$dy(\mathrm{m})$	$dz(\mathrm{m})$	$dp(\mathrm{m})$
p1	未剔除粗差	1.799	2.259	-102.434	1.799	2.259	-2.434	3.777
	剔除粗差后	0.059	0.523	-100.209	0.059	0.523	-0.209	0.567
p2	未剔除粗差	12.317	11.211	-102.128	2.317	1.211	-2.128	3.371
	剔除粗差后	11.095	9.994	-100.640	1.095	-0.006	-0.640	1.268
p3	未剔除粗差	-7.524	11.485	-101.529	2.476	1.485	-1.529	3.267
	剔除粗差后	-9.249	9.548	-99.151	0.751	-0.452	0.849	1.220
p4	未剔除粗差	-7.765	-7.362	-102.089	2.235	2.638	-2.089	4.040
	剔除粗差后	-9.769	-9.355	-99.451	0.231	0.645	0.549	0.878
p5	未剔除粗差	11.667	-8.316	-102.487	1.667	1.684	-2.487	3.435
	剔除粗差后	10.293	-9.548	-100.840	0.293	0.452	-0.840	0.997

剔除粗差的传统方法在理论上是不严密的，由上分析可知，在平差时，已经将所存在的粗差进行配赋，在改正数中显示的仅仅是其中的一小部分，而且最大的残差有时还往往不一定出现在原来粗差存在处。

为了弥补粗差剔除方法的不足，下文基于航迹点的分布及观测边长的变化，提出了一种筛选航迹点的方法。

6.2.3 航迹点的分布情况及筛选

1. 对称性

由上一章的分析可知，若船体关于应答器对称航行，则在对称点上，其声速结构变化引起的误差大致相等，在差分定位算法中，此误差可以得到有效的削弱或消除。因此，进行数据处理时，建议尽量采用对称航迹点。

若在4个时刻的船体换能器位置为正方形阵列，则可考虑水下应答器位置对几何因子的影响，进而证明航迹点关于应答器对称时几何精度因子最好。

以4个时刻船体换能器的中心为圆心，海平面向上的垂直方向为 z 轴，圆心到起始航迹点的方向为 y 轴，以垂直 yz 平面的方向为 x 轴建立右手坐标系。

设水下应答器的 Z 坐标为 c。应答器解算值同航迹点之间的距离与所测边长的差异也是极小的，可认为二者相等。此时航迹点 P1，P2，P3，P4 的坐标分别为 $(d, -e, 0)$，$(d, e, 0)$，$(-d, e, 0)$，$(-d, -e, 0)$，待定点的近

似坐标为$(x, y, -c)$

$$\text{GDOP} = g(x, y, d, e, c)$$

$$\frac{\partial g}{\partial x} = 0, \quad \frac{\partial g}{\partial y} = 0 \tag{6-16}$$

解以上方程组。设$L = \frac{\partial^2 g}{\partial x^2}\frac{\partial^2 g}{\partial y^2} - \left(\frac{\partial^2 g}{\partial x \partial y}\right)^2$，$A = \frac{\partial^2 g}{\partial x^2}$。当$L>0$时，所得解是极值解，当$A>0$时，所得解是极小值解。解得$(x, y) = (0, 0)$，为其极值点，使测线控制范围一定，令$d < 1.22c$，$e < 1.22c$，此时候$L(0, 0)>0$，$A(0, 0)>0$，此极值点为极小值点，即应答器在航迹中心时，航迹点关于应答器对称，几何精度因子最小。

进而，可采用数值分析，证明当测线控制范围一定时，应答器在海面的投影位于航迹中心，航迹关于应答器对称，GDOP值最小。图6-8中，$d=60$m，$e=60$m，$c=50$m，颜色刻度代表GDOP值。

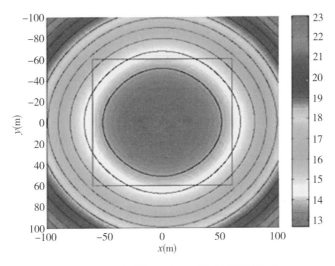

图6-8 应答器位置对几何精度因子的影响

2. 均匀性

GPS绝对定位理论表明：假设观测站与4颗观测卫星所构成的六面体体积为V，研究表明，精度因子GDOP与该六面体体积的倒数成正比，即GDOP $\propto 1/V$。

在水下定位中，需保证应答器到4个航迹点之间的距离差异不大，此时应答器与 4 个航迹点围成四棱锥。若测量区域一定，航迹点的水深差异不大，其到应答器的垂直距离近似相等，$v = \dfrac{1}{3} s \times h$，$s$ 为航迹点围成面积，可证明精度因子与四边形面积的倒数成正比。

由于航迹对称时，可提高定位精度，故四个航迹点需围绕应答器对称分布。令水深值为 h，应答器近似坐标为 $(0, 0, -h)$，航迹点 P1，P2，P3，P4 的坐标分别为 $(a, -b, 0)$，$(a, b, 0)$，$(-a, b, 0)$，$(-a, -b, 0)$，为保证应答器到 4 个航迹点之间距离差异不大，需满足 $r^2 = a^2 + b^2$，r 为常数。权阵 $\boldsymbol{P} = \boldsymbol{E}/l$，可得

$$(\boldsymbol{B}^{\mathrm{T}} \boldsymbol{P} \boldsymbol{B})^{-1} = \begin{bmatrix} \dfrac{(a^2 + b^2 + h^2)^{3/2}}{4a^2} & 0 & 0 \\ 0 & \dfrac{(a^2 + b^2 + h^2)^{3/2}}{4b^2} & 0 \\ 0 & 0 & \dfrac{(a^2 + b^2 + h^2)^{3/2}}{4h^2} \end{bmatrix}$$

(6-17)

$$s = 4ab \tag{6-18}$$

$$\begin{aligned} \mathrm{GDOP} &= \sqrt{\dfrac{(a^2 + b^2 + h^2)^{3/2}}{4} \left(\dfrac{1}{a^2} + \dfrac{1}{b^2} + \dfrac{1}{h^2} \right)} \\ &= \sqrt{\dfrac{(r^2 + h^2)^{3/2}}{4} \left(\dfrac{r^2}{a^2 b^2} + \dfrac{1}{h^2} \right)} = \sqrt{\dfrac{(r^2 + h^2)^{3/2}}{4} \left(\dfrac{16 r^2}{s^2} + \dfrac{1}{h^2} \right)} \end{aligned} \tag{6-19}$$

由上式可知，若应答器到航迹点的距离差异不大，则航迹点围成面积越大，其精度因子越小，相应的，定位精度越高。

因此，设计航迹形状及选取航迹点时，应尽量使其围成面积最大。很明显，当航迹点在四个象限均匀分布时，即当 $a = b$ 时，围成面积最大，GDOP 最小。推导过程如下：

$$s(a) = 4ab \leqslant 2(a^2 + b^2) = 2r^2$$

当且仅当 $a = b = \dfrac{\sqrt{2} r}{2}$ 时，围成面积 $s(a)$ 最大。

因此，当航迹点均匀分布时，围成面积最大，GDOP 最小。

6.2.4　观测边长范围

下面分别以图 6-9 的三种交会情况讨论。

情况一：以 S_1、S_2、S_4、S_5 交会应答器 P；

情况二：以 S_2、S_4、S_5、S_6 交会应答器 P；

情况三：以 S_1、S_3、S_5、S_7 交会应答器 P；

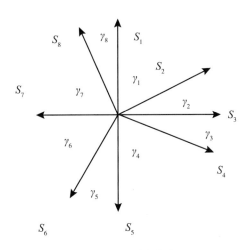

图 6-9　观测边分布

图 6-9 所示为交会边在水平方向的投影，设备观测边长度相等，观测权为边长的倒数。令 $\gamma_1 = \gamma_4 = \gamma_6 = \gamma_7 = 60°$，$\gamma_2 = \gamma_3 = \gamma_5 = \gamma_8 = 30°$。选择不同的入射角和不同的观测边分布，考察网的精度因子变化情况如图 6-10 所示，可以看出：

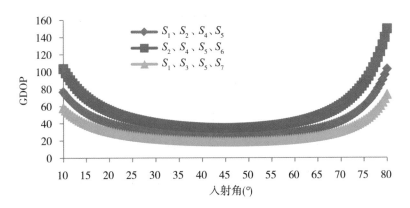

图 6-10　三种交会情况下，GDOP 随入射角变化程度

（1）当取 S_1、S_3、S_5、S_7 为交会边时，航迹点关于应答器对称且均匀分布，几何精度因子 GDOP 最小，定位精度最高；

（2）当入射角为 30°～60° 时，待求应答器的几何精度因子较好，此时观测边的平面距离 r 为 $0.577h < r < 1.732h$，观测边长 ρ 为 $1.155h < \rho < 2.000h$。

因此，可以考虑选取入射角为 30°～60° 的观测边，以保证水下应答器的定位精度。本节分别在平行航迹和圆航迹下，选取入射角不同的航迹点，分析其定位精度。

在一条平行航迹中，分别选取 3 组航迹点对电缆应答器进行定位，如图 6-11 所示，两条蓝色点为平行航迹，红色 * 为应答器，三个红色框体围住三组航迹点。三种情况下，待求应答器的定位精度如表 6-2 所示。当航迹点到待求电缆应答器的入射角在 30°～60° 之间时，获得了较好的定位精度。

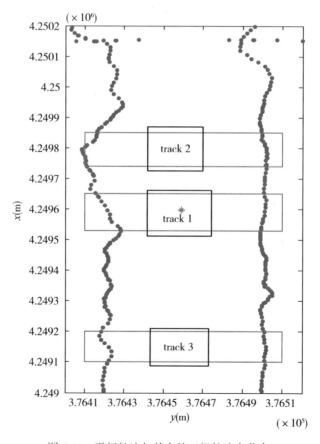

图 6-11 平行航迹与其中的三组航迹点分布

表 6-2 三组航迹点对应答器的定位精度

	观测边长 （m）	入射角	x（m）	y（m）	z（m）	σ_x（m）	σ_y（m）	σ_z（m）	σ_{xy}（m）	σ_p（m）
track 1	78~120	37°~60°	4249617.662	376459.177	60.198	0.008	0.006	0.006	0.010	0.012
track 2	220~260	74°~77°	4249617.668	376459.169	60.200	0.028	0.018	0.114	0.033	0.118
track 3	410~510	81°~83°	4249617.559	376459.136	61.239	0.083	0.058	0.833	0.102	0.839

在一条圆航迹中，分别选取三组航迹点对电缆应答器进行定位，如图6-12所示，蓝色点为总航迹，黑色点为航迹1，绿色点为航迹2，黄色点为航迹3，红色 * 为应答器。三种情况下，待求应答器的定位精度如表6-3所示。当航迹点到待求电缆应答器的入射角在30°~60°之间时，获得了较好的定位精度。

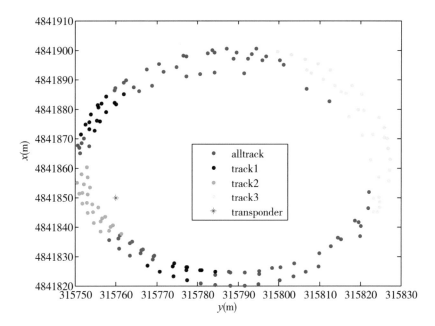

图6-12 圆航迹与其中的三组航迹点分布

表 6-3　　　　　　　　　　圆航迹中三组航迹点对应答器的定位精度

	观测边长 (m)	入射角	x(m)	y(m)	z(m)	σ_x(m)	σ_y(m)	σ_z(m)	σ_{xy}(m)	σ_p(m)
track 1	30~40	48°~60°	4841850.036	315760.083	20.452	0.021	0.051	0.018	0.055	0.058
track 2	21~24	15°~26°	4841850.033	315759.962	20.426	0.051	0.117	0.038	0.128	0.134
track 3	66~77	72°~75°	4841850.006	315760.048	20.570	0.047	0.106	0.349	0.116	0.368

综上分析，选取入射角为 30°到 60°、观测边长 ρ 为 1.155h ~ 2.000h 的航迹点，有助于提高应答器的定位精度。

对水下电缆应答器进行定位时，一般采用圆航迹或平行航迹。若采用圆航迹，工作量较大，在实际生产中应当避免。本章基于不同深度下，采用平行航迹时 GDOP 的变化情况，给出了最优的航迹宽度 $d3 = 1.72h$。若采用 S 形航迹对电缆应答器定位，应答器无论在电缆阵列中心、边缘或其他位置，都有优于平行航迹的定位精度，并且当电缆条数大于 3，每条电缆上应答器大于 2，S 形航迹的总长度都小于平行航迹，有助于较小工作量。

增加航迹点个数，可减小几何精度因子。若各航迹点到应答器的观测精度一致，减小几何精度因子，即意味着提高了定位精度。而在实际测量过程中，往往会引入粗差，而传统的粗差检验准则存在不足之处，并不能准确地剔除粗差。本章基于航迹点的分布情况及观测边长范围，介绍了一种筛选航迹点的原则：航迹点应围绕应答器对称且均匀分布，航迹点到应答器的观测边的入射角为 30°~60°、观测边长 ρ 为 1.155h ~ 2.000h。

6.3　本章小结

本章对海底电缆声学定位航迹线的优化设计和后处理过程中航迹点的优选进行了系统的研究。参考 GPS 定位理论中 GDOP 的概念思想，分析了平行航迹线宽度选取及 S 形航迹线优化设计问题，认为平行航迹宽度为作业区域水深的 1.72 倍时，定位 GDOP 值最小，S 形航迹线具有优于平行航迹的GDOP，且总的航迹长度小于平行航迹，能够提高工作效率；开展了航迹点的优选问题研究，分析了航迹点个数、测量距离对定位精度的影响，提出了一种筛选航迹点的原则：航迹点应围绕应答器对称且均匀分布，航迹点到应答器的观测边的入射角为 $30° \sim 60°$、观测边长 ρ 为 $1.155h \sim 2.000h$。经实验表明，形成的航迹点筛选原则，弥补了粗差剔除方法的不足，提高了声学定位精度。

第7章　基于多换能器的声学短基线定位方法

近年来，全球油气重大发现 50% 以上来自于海上，特别是深水领域。海洋油气勘探的新趋势是由水深 200～300m 的大陆架区域向 3000m 的深水区拓展。所以，走向深水是世界海洋石油的发展趋势。针对深海 OBC 勘探或海洋节点勘探，由于放缆船(节点释放船)航向的变化以及强大的海流影响，在放缆过程(节点释放过程)中，海底电缆或海洋节点的漂移十分严重。当电缆(或海洋节点)到达海底时，其实际位置往往远远地偏离了设计位置，无法满足高精度地震勘探的要求。

差分 GPS 技术(DGPS)和高精度水声定位技术的飞速发展，为海底电缆勘探和海洋节点勘探的高精度大地坐标的精确测量提供了更先进的技术手段。现在 OBC 地震勘探或海洋节点勘探中普遍采用的声学定位系统，是一种长基线定位系统，它采用走航式的工作模式获取距离测量观测值，通过距离交会的方式实现定位。该声学定位方法以其不占用放炮时间、定位精度高而被广泛地应用。但它也存在定位过程实时性差和作业效率低下等问题。为了尽可能地保证海底电缆或海洋节点定位的准确性，非常有必要研究一种成本低廉、定位实时强、能实时指导放缆，且定位精度能够满足 OBC 或海洋节点地震勘探需要的新的定位技术和方法，以便于实时调整放缆船或节点释放船在放缆或节点释放时的偏航，提高 OBC 地震勘探放缆或海洋节点点位准确率及施工效率。

7.1　原理和方法

7.1.1　当前海底电缆定位技术现状

为了精确获取沉入海底后海底电缆或海洋节点的空间位置，目前海底地震勘探一般采用初至波定位、声学长基线定位等方法。初至波定位方法，不需要投入额外的硬件设备，只需用地震仪器采集设备放定位炮即可，但该方法影响野外正常的地震资料采集效率。

声学长基线定位采用单个声波发射机的走航式工作模式(如图7-1所示)，使用一个收发合置的水声换能器发送询问信号和接收来自固定在海底电缆上的应答器的应答信号，通过距离交会的方式进行海底电缆的定位。其测量方程为

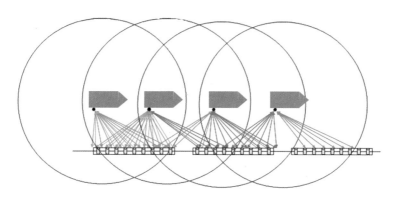

图 7-1　走航式工作模式

$$\rho_i = \frac{c \cdot T_i}{2} = f(\boldsymbol{X}_i^v, \ \boldsymbol{X}^t) + \varepsilon_i \tag{7-1}$$

式中，ρ_i 为第 i 个历元时刻定位船上换能器的航迹点和水下应答器之间的距离；c 为声波在水中的传播速度；T_i 为系统量测到的声波传播时间；$\boldsymbol{X}_i^v = (x_i^v, y_i^v, z_i^v)$ 为第 i 个历元时刻定位船的航迹点；$\boldsymbol{X}^t = (x^t, y^t, z^t)$ 为所要定位的应答器的位置；ε_i 为第 i 个历元时刻观测值的综合误差项。$f(X_i^v, X^t)$ 的具体形式如下：

$$f(\boldsymbol{X}_i^v, \ \boldsymbol{X}^t) = \sqrt{(x_i^t - x^t)^2 + (y_i^t - y^t)^2 + (z_i^t - z^t)^2} \tag{7-2}$$

实际工作中，通过定位船在测线两端航行进行双边定位测量，获得足够的声学观测数据，根据式(7-1)组成误差方程式，通过最小二乘算法计算确定检波点的实际空间位置。

7.1.2　多换能器短基线声学定位系统设计

如图 7-2 所示，多换能器短基线定位系统由主控机和 4 个以上换能器组成。换能器的阵形为四边形，分别安装在定位船的不同位置，它们之间的距离一般不超过 50m。GPS 天线和换能器分别安装在船体甲板上、下方，并且 GPS 天线中心距离换能器中心有一段偏心距离，所以换能器位置可由 GPS 天线位置和两者之间的相对位置关系推算出来的。然而，计算结果会受到船体横摇(倾斜变化)、纵摇(平衡变化)、偏离(船艏向变化)运动的影响，所以必须使用 MRU 测量横摇和纵摇，电罗经测量艏向，以进行改正。

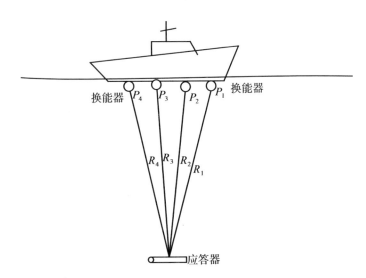

图 7-2　多换能器短基线定位系统示意图

以 GPS 天线相位中心为原点，根据基阵相对于船坐标系的固定关系，经过 GPS 天线天顶坐标系统中三维姿态改正和天顶坐标系统到 WGS-84 坐标的改正，计算出换能器的坐标。多换能器短基线定位系统的测量方式是由一个换能器发射，所有换能器接收，得到至少 4 个斜距观测值，根据换能器的坐标和斜距观测值，就能计算出应答器的位置。一般同时只需 3 个观测值，就可计算应答器的位置，所以该系统能够得到冗余观测值，可计算出最优估计值。

7.1.3　多换能器联合定位解算方法

设海底应答器的坐标为 $\mathrm{Tr}(x, y, z)$，有 4 个换能器安装在定位船上如图 7-3 所示边长为 $2a$，$2b$ 的矩形顶点。

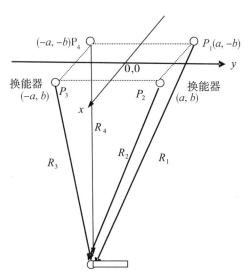

图 7-3　多换能器联合定位原理图

解算海底应答器的位置至少需要 3 个距离观测值，但在实际测量过程中，采用 4 个换能器的 4 个观测值，其中有一个换能器的冗余观测值[8]。不考虑声线弯曲时，可由几何关系得到定位方程：

$$R_1^2 = (x - a)^2 + (y + b)^2 + z^2 \tag{7-3}$$

$$R_2^2 = (x - a)^2 + (y + b)^2 + z^2 \tag{7-4}$$

$$R_3^2 = (x + a)^2 + (y + b)^2 + z^2 \tag{7-5}$$

$$R_4^2 = (x + a)^2 + (y + b)^2 + z^2 \tag{7-6}$$

解为

$$x = \frac{(R_4^2 - R_1^2) + (R_3^2 - R_2^2)}{8a} \tag{7-7}$$

$$y = \frac{(R_4^2 - R_3^2) + (R_1^2 - R_2^2)}{8b} \tag{7-8}$$

从而，由式(7-3)~式(7-6)得到 4 个可能的深度值：

$$z_1 = \sqrt{R_1^2 - (x - a)^2 + (y + b)^2} \tag{7-9}$$

$$z_2 = \sqrt{R_2^2 - (x - a)^2 + (y - b)^2} \tag{7-10}$$

$$z_3 = \sqrt{R_3^2 - (x + a)^2 + (y - b)^2} \tag{7-11}$$

$$z_4 = \sqrt{R_4^2 - (x + a)^2 + (y + b)^2} \tag{7-12}$$

计算 4 个值的平均值，即

$$z = \frac{1}{4} \sum_{i=1}^{4} z_i \tag{7-13}$$

解出的位置是相对于船体坐标系的。为了获得应答器地理坐标下的坐标，必须结合作业船参考点处给出的地理坐标以及测量船的当前方位，通过归位计算，获得应答器的地理坐标。

7.1.4　非正常观测值处理

受环境因素的影响，声学定位系统输出的距离观测值存在跳变和缺失现象，而变成非正常观测值，其会严重地影响到最后的定位结果。

为解决上述存在的非正常观测值问题，考虑短时间($<30\text{s}$)内风浪等环境因素，以及船速、航向和声学短基线阵列姿态变化相对稳定，下面给出一种基于缓冲区的多项式拟合粗差剔除及数据拟合算法。构建时间长度小于 10s 的观测数据缓冲区，并建立如下多项式模型：

$$P = a_0 + a_1(t - t_0) + a_2(t - t_0)^2 + \cdots + a_n(t - t_0)^n \tag{7-14}$$

式中，P 为距离观测值，$a_i(i = 1,~2,~\cdots n)$ 为模型系数，t_0 和 t 分别为参考、观测时刻。

缓冲区内观测数据是否存在粗差，可在模型拟合后对模型在各观测时刻残差平方和进行 χ^2 检验。

$$T_k = \frac{\tilde{v}_k^{\mathrm{T}} P_{\bar{V}_k} \tilde{v}_k}{\sigma_0^2} \sim \chi^2(n_k - m) \tag{7-15}$$

式中，n_k 为第 k 个预处理缓冲区的样本数目；m 为多项式阶次。

若检验通过，则不含粗差，拟合模型可用于下一历元数据的粗差检验；若检验不通过，则将最新的观测数据加入缓冲区序列中，并剔除最旧数据，形成新的缓冲区拟合模型应用于检验。缓冲区数据通过 χ^2 检验后，当下一个历元观测数据到来后，先用拟合模型推算该历元预报值，并与实际观测值比较，若两者差值小于 3σ，则认为该观测值不存在粗差，并将其填入缓冲区尾端，并删除第一个观测数据。以此滑动处理，实现整个观测序列数据的动态滤波。

图 7-4 所示是抽取了部分野外声学距离观测数据进行预处理的效果图。可以看出，滑动缓冲区多项式滤波法很好地实现了粗差的剔除。从图中还可以看出，该方法正确地描述了序列的变化趋势，由于该模型是时间的函数，据此可实现声学定位观测值的内插，进而实现实时定位。

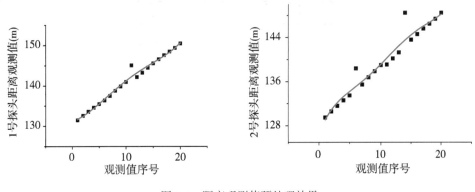

图 7-4 距离观测值预处理效果

上述建模过程中，缓冲区时间长度和模型阶数影响着模型精度。时间长度需结合航向、姿态变化参数来确定，阵列姿态变化显著，则需要较短时间长度；否则，可设置较长时间长度。模型阶数与之类似，高阶模型可以实现局部最佳逼近，但可能造成局部异常被视为正确观测数据；低阶模型尽管可以反映整体变化趋势，但会造成正常的观测数据被检测为异常。通常，模型阶数取 2~3 节即可。

7.2 定位实验

2011 年 10 月 23 日，我们在陕西汉中红寺湖进行了多换能器联合定位系统野外联调、硬件及软件的稳定性及定位精度的测试。测试时，在定位船的前后左右分别安装了 4 个换能器(见图 7-5)，用 4 台主控机同时对 2 个应答器进行定位。

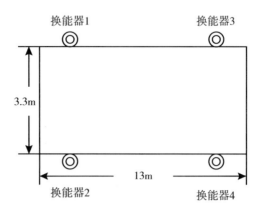

图 7-5　换能器安装示意图

7.2.1　静态定位

在湖里抛下组号为 1-1 和 1-3 的两个应答器，首先使用走航式的方法测量出两个应答器的坐标作为理论坐标，然后使用多换能器联合定位方法再次测量计算出两个应答器的坐标，得到两种不同方法的测量结果的差值。从图 7-6 可以看出，多换能器联合定位与走航式定位结果差值在 4m 以内。

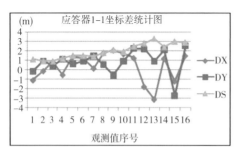
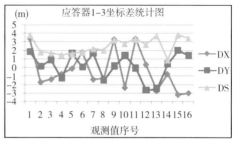

图 7-6　多换能器联合定位与走航式定位结果比较表

7.2.2 动态实时定位

为了验证应答器动态环境下的定位效果，我们进行了应答器动态实时定位试验。在 100m 的绳子上捆绑一个应答器，如图 7-7 所示，测量船拖动绳子跟船一起运动，使用多换能器联合定位进行实时定位。图 7-8 所示是船和应答器的运动轨迹，其中红色为船的轨迹，蓝色为应答器的轨迹。多换能器联合定位系统的定位精度主要受到以下类别的误差因素影响：测距误差（主要是由声学信号的测试和解码等因素引起），换能器阵列的姿态测量误差，换能器阵列的位置测量误差，声速误差以及解算时的交会态势（图形条件）造成的误差。虽然受到如此众多的误差影响，但从轨迹图上来看，应答器定位结果的轨迹与船运行的轨迹相重合，证明应答器测量的准确性以及稳定性已达到所期望的要求。

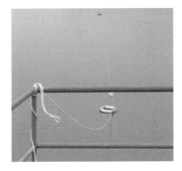

图 7-7 应答器动态测试场景

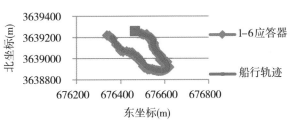

图 7-8 动态实时定位情况

7.3 本章小结

通过理论分析和野外作业对试验数据处理比较分析，可以得出以下结论：多换能器联合定位系统静态定位过程中，应答器能够进行可靠定位，达到了技术性能指标，测试的定位精度在 4m 以内，测试的结果基本满足要求。在动态定位过程中，测试结果表明，该方法能够确定应答器的动态位置变化，实时性强，而且定位结果准确可靠，能够满足深海 OBC 地震勘探电缆沉放施工的要求。另外，同超短基线定位系统相比，多换能器联合定位系统成本低廉，操作简便容易；换能器体积小，安装简单，是一种可以替代海底电缆现有走航式定位和超短基线定位的方法。

第8章 潮汐和潮汐数据应用

我国自古有"昼涨称潮，夜涨称汐"的说法，潮汐是自然界海水有周期规律的运动现象。在海底地震勘探施工作业中，由于潮汐的影响，释放到海底的海底电缆或海洋节点在一定时间后会产生位移，如果不及时施工，就可能会错过最有利的施工时期，降低工作效率。所以，需要对海底电缆或海洋节点的释放、声学定位、震源船的导航放炮等工作任务，根据作业区域的潮汐变化情况，合理安排其作业计划与时间，才能保证正常有序和高效率生产施工。另外，我们需要通过潮汐改正的手段提供准确可靠的海底电缆或节点的基于某一高程基准面的高程，用于地震勘探后期的资料处理。

8.1 潮汐形成原理

海水每天的涨落变化，就是潮汐现象。随着社会科技的发展，潮汐被定义为由月球和太阳的重力和地球自转所引起的海洋表面高度的周期性、短期性的变化。潮汐也可以被认为是波浪。但是，潮汐通常被认为是强迫波，而普通的海浪则是自由波，因为潮汐永远不会从引起它们的力中解放出来。

在这一章节中，我们将研究潮汐的平衡理论和潮汐的动力学理论。潮汐平衡理论研究地球、月球和太阳的位置和吸引力，解释潮汐发生的原因。这个理论恰当地描述了一个完全被水覆盖的地球上的潮汐，所以这是一个理想的潮汐形成模型。而潮汐动力学理论考虑了大陆、浅水和部分封闭的海洋盆地地形对潮汐形成的影响，是一个更客观实际的潮汐模型。我们将从平衡理论开始，有助于我们了解潮汐而不考虑任何其他复杂的因素。

牛顿万有引力定律指出，宇宙中的所有物体都相互吸引，物体之间的吸引力与物体的质量成正比，而与它们之间的距离成反比。简单地说，大（重）

体比小物体更能吸引彼此。两者之间的吸引力随着它们之间距离的增加而迅速减弱。对于行星大小的物体，我们发现，距离是决定引力强度的主要因素。

月亮和太阳实际对整个地球也会产生引力。尽管月球与太阳的关系很小，但它对地球的引力更大。原因是地球比太阳更接近月球。虽然太阳比月球大，但太阳离地球很远，所以它的引力也不那么大。

地球上的潮汐主要是由月球对海水的引力造成的，太阳的引力也起到一定的作用。

8.1.1　引潮力的定性分析

在地月引力系统中，地、月均绕处于地月连线距地心 $0.73R$（R 为地球半径）处的共同质心转动。如图 8-1 所示，从地球表面上来看，由于当地球绕公共质心 O 旋转时，地球上各点处于平动状态，所以在不同地方均受到不尽相同的惯性离心力 $F_惯$ 作用。此外，月球对地球表面各处还有引力作用。由于各点位置不同，受到月球引力 $F_引$ 的大小和方向也不同，其中最近点 A 引力最大，最远点 B 引力最小。因此，在任何时刻，海水受的引力不均匀，不能与惯性力严格抵消，两者的合力（即引潮力）效果会使各处的海水产生不尽相同的移动，即是潮汐现象。

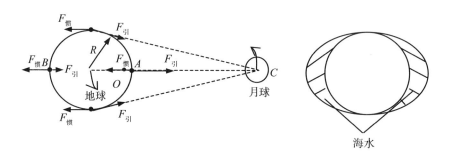

图 8-1　地球表面引潮力分析

8.1.2　引潮力定量分析

建立如图 8-2 所示坐标系，各量如图标示，计算任意位置处的引潮力。

海水质元 Δm 受月球的引力为

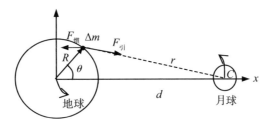

图 8-2 引潮力的计算

$$F_{引} = \frac{G\Delta m M_{月}}{r^2} \quad (8\text{-}1)$$

式中，$r^2 = d^2 + R^2 - 2dR\cos\theta$。

海水 Δm 受的惯性力，等于把它放在地心 C 处时所受引力的负值，即

$$F_{惯} = -\frac{G\Delta m M_{月}}{d^2} \quad (8\text{-}2)$$

引潮力为 $\boldsymbol{F}_{引}$ 和 $\boldsymbol{F}_{惯}$ 的矢量和，即 $\boldsymbol{F}_{潮} = \boldsymbol{F}_{引} + \boldsymbol{F}_{惯}$

利用正交分解法以及几何关系可知：

$$(F_{潮})_x = G\Delta m M_{月}\left(\frac{d - R\cos\theta}{(d^2 + R^2 - 2dR\cos\theta)^{\frac{3}{2}}} - \frac{1}{d^2}\right) \quad (8\text{-}3)$$

$$(F_{潮})_y = G\Delta m M_{月}\left(\frac{-R\sin\theta}{(d^2 + R^2 - 2dR\cos\theta)^{3/2}}\right) \quad (8\text{-}4)$$

因 $R/r \ll 1$，根据近似公式 $(1 + x)^n \approx 1 + nx$，其中 $|x| \ll 1$，n 为任意实数。可得

$$\begin{aligned}
(F_{潮})_x &= G\Delta m M_{月}\left(\frac{d - R\cos\theta}{(d^2 + R^2 - 2dR\cos\theta)^{3/2}} - \frac{1}{d^2}\right) \\[2mm]
&= \frac{G\Delta m M_{月}}{d^2}\left(\frac{1 - \dfrac{R}{d}\cos\theta}{\left(1 - \dfrac{2R}{d}\cos\theta + \dfrac{R^2}{d^2}\right)^{3/2}} - 1\right) \\[2mm]
&\approx \frac{G\Delta m M_{月}}{d^2}\left(1 - \frac{R}{d}\cos\theta + \frac{3R}{d}\cos\theta - 1\right) \\[2mm]
&= \frac{2G\Delta m M_{月}}{d^3}R\cos\theta
\end{aligned} \quad (8\text{-}5)$$

同理可推得

$$(F_{潮})_y = -\frac{G\Delta m M_{月}}{d^3}R\sin\theta \tag{8-6}$$

值得一提的是，两方向的引潮力都与月地中心间距离的三次方成反比。

根据上面的结论，可得到引潮力在地表的分布情况，如图 8-3 所示。当 $\theta=0$、π 时，引潮力背离地心，形成海水的两个高峰；当 $\theta=\pm\pi/2$ 时，引潮力指向地心，形成海水低谷。由此我们知道，围绕地球的海平面总体上有两个突起部分，分别出现在地表离月球最近和最远的地方。而地球在不停地自转，一昼夜有两个高峰和两个低谷扫过每一个地方，这便解释了每天两次高潮和两次低潮的原因。

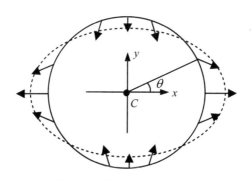

图 8-3 引潮力在地表的分布

8.2 潮汐测量

在海底地震勘探过程中，人们普遍通过查阅官方发布的潮汐表方式来了解施工区域的潮汐情况。有时候，为了提高潮汐计算的精度，也会利用验潮站的观测资料，用以计算和验证潮汐表中的参数。验潮站测量的最重要的用途在于简化最终提交水深测量成果资料。为了准确地进行简化测量工作，最少需要在测量区域架设 3 个验潮站，如果只有 1 个验潮站可用，它应该架设在勘探施工区域的中部，以减少误差。

8.2.1 验潮仪

验潮仪有很多不同的类型，下面介绍几种最常见的类型。

1. 水位验潮尺

这种验潮仪最普通，是人工读数的，它不能用于数据的自动处理，但可以用于快速检查。这种验潮仪常见于水闸和桥梁附近以及港口里。标尺上的零点通常相当于当地的海图资料。如图8-4所示。

这种验潮仪的优点在于它很普通，几乎每个水闸、桥梁和港口都至少有一个。缺点在于它不能自动记录，需要近距离读取数据；而且，这种验潮仪通常很少校正，降低了读数的精确性。不同的国家和地区这种验潮仪的建法和样式也不尽相同。

图 8-4　水位验潮尺

2. 浮标式验潮仪

这种验潮仪由一竖直管和里面浮标组成，浮标连接着记录装置，浮标运动被笔尖记录到滚筒纸上或电子感应器上。这种类型验潮仪可能因为垃圾堵住管口而被干扰，但通常是比较稳定和精确的。如图8-5所示。

3. 压力式验潮仪

这种类型的验潮仪通过一个石英压力感应器或压力表测量感应器上面水柱的高度。如图8-6所示。测量数据需要进行大气压力变化和海水密度的校

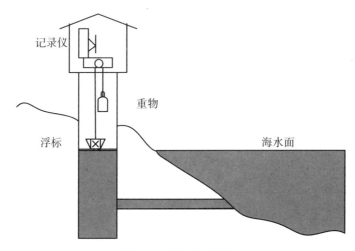

图 8-5　浮标式验潮仪

正，这些都可能是误差来源。这种验潮仪通常被安装在难以到达的场所，或在水深较深地方。

图 8-6　英国 Valeport 公司 MiniTide 验潮仪

4. 声学式验潮仪

声学式验潮仪属无井验潮仪，根据其声探头(换能器)安装在空气中或水中而分为两类。探头安置在空气中的声学式验潮仪，是在海面以上固定位置安放一声学发射接收探头，探头定时垂直向下发射超声脉冲，声波通过空气到达海面并经海面反射返回到声学探头，通过检测声波发射与海面回波返回到声探头的历时来计算出探头至海面的距离，从而得到海面随时间的变化。如图 8-7 所示。潮汐数据可存放于存储器内。

图 8-7　声学式验潮站

5. GNSS 验潮

随着全球卫星导航定位系统(GNSS)技术的发展，GNSS 验潮是随着差分定位技术的不断成熟和发展而逐步发展起来的新技术，它是目前 GNSS 技术发展的主攻方向之一，现已处于成熟阶段。它应用了 GNSS 实时动态(Real Time Kinematic——RTK)测量技术，是 GNSS 测量技术与数据传输技术相结合而构成的系统。其工作原理是，在基准站安置一台 GNSS 接收机，对所有可见导航定位卫星进行连续观测，并将其观测数据通过无线电传输设备实时地发送给用户观测站。在用户机上，GNSS 接收机在接收 GNSS 卫星信号的同时，通过无线电接收设备，接收基准站传输的数据，然后根据相对定位的原理，实时地计算并显示用户站的三维坐标。

8.2.2　验潮仪安装

安装压力验潮仪之前，需要进行校正，通常在工作间里完成，比如在压力容器或在水箱里，调整到已知值。

安装校正好的验潮仪有以下两个注意事项：

（1）水位。这种类型的安装通常用于在靠近海岸线或在平台上。这种安装的优点在于目标的高度和安装传感器的高度直接相关联。这种类型的传感器通常没有记录装置或测距仪（或两者都没有）。

（2）建立基础。通常这种类型的安装用于在工区内的能自己记录的验潮站。它们通常连接到一个用于回收和自动测量记录传导的浮标上。这种类型的安装常见用于压力型验潮仪。

验潮仪的安装场所必须认真选择。如果传感器要安装在水闸附近，那么现场的水位可能和其他区域的水位不同。安装在避风港湾的验潮仪有同样的影响，由于风的影响，水位可能不同于外海的水位。

对于大多数类型验潮仪，我们事先需要得到当地的浪高、浪差，因为需要从当前的读数中减去它。比如，浮标型验潮仪通过调节管中的小孔来消除差值。大多数验潮仪能通过电子改正来完成，一定时间段内的平均读数可以消除现场读数的误差。

8.2.3　偏离量测定

一旦验潮仪安装完成，我们就需要测定传感器相对于当地海图基准的高度。如图8-8所示，通常这可以通过从一已知点进行水准测量联测得到，或者使用滤波模型求得。滤波模型是一个统计技术，通过每隔1小时的30个读数可以求出当地的平均海水面的高度，如公式（8-7）所示。模型的起点并不重要，但所有读数必须是有效的，而且采集的时间间隔必须尽可能地接近1小时。

$$\text{MSL} = \frac{a_1 + a_2 + a_3 + \cdots + a_{30}}{30} \tag{8-7}$$

由多个这样的 MSL 值可以求得一个长期稳定的 MSL 值。通常用两个具有潮汐资料的点之间的 MSL 值测定海图的基准。

还有一种方法就是从一已知点（水准点）通过水准测量测定其偏离量。

测定完偏离量后，还需要检查这偏离量与验潮站的零水位及刻度是否相符，此外，还需要检查验潮仪测定的水位是否和测距仪测得的水位一样。

通常用一个 C-O 值改正测量值。需要用改正值调节验潮仪的通常原因是工区的条件不同于工作间，它是多变的。

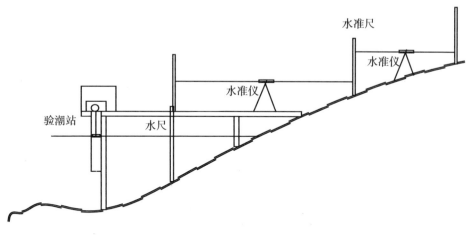

图 8-8 验潮站水准联测

8.3 潮汐预测与应用

8.3.1 潮汐预测

地球上各大洋的海水因为月球和太阳的万有引力，每时每刻都存在潮汐的涨落变化。在世界各地不同的地理位置和地形条件下，潮汐的变化特征是有很大差异的。但是，一般来说，在不考虑天气因素的影响前提下，典型的潮汐都具有每天两起两落的变化特征。所以潮汐的运动和变化在一定程度上是可以被预计估算的。

潮汐预测的方法有两种：顶点法和谐波分析法。这两种方法的初始工作都是进行潮汐分析，用长期观测值绘制成的图表。基于这些图表的计算，可以进行潮汐预测。

当测区内没有进行潮汐测量时，潮汐预测是必要的。预测结果的准确度总是要低于实际在户外验潮站测得的结果。

1. 中天法

中天法来源于均衡理论。"中天法"意味着到达最高的点。这种方法过去常用于和天体变化有关高低潮的水位和时间，特别是当月亮在所谓的"月亮中天"——至高点时。如图 8-9 所示这种方法在半日潮区域尤其有用。此外，所用到的其他的天体变化还有月球偏差(月球相对于地球赤道的角度)、月球视差(月球到地球的测量距离)和季节。

　　这种方法最初应用在荷兰的 5 个标准港口，后来第二级港口也联接进来了。一旦观测工作量增大，很多问题就显现出来了。这些工作可能引起大的水文变化，意味着每个港口都必须自己进行分析。同样，这种方法的局限性也很明显，即只能计算高潮和低潮(时间和水位)。然而，使用谐波分析可以算得中间值。在 1986 年，这种方法作为标准被所有的港口采用。

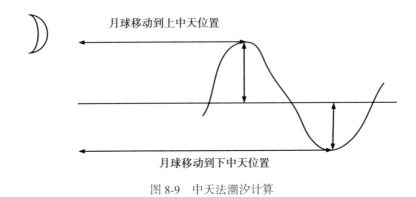

图 8-9　中天法潮汐计算

2. 谐波分析

　　因为有不同的潮汐类型，很显然，牛顿和拉普拉斯不能完全描述潮汐力的行为。鉴于此，Lord Kelvin 和 Darwin 发展了潮汐的谐波分析。谐波分析没有对潮汐给出任何解释，而是提出了一种描述潮汐的方法。谐波分析是基于拉普拉斯理论。

　　该分析法描述潮汐由许多周期性的波组成，这些波是由太阳和月亮圆周运动引起的。通过计算总结这些波来描述潮汐行为。因为太阳和月亮的运动很准确，可以事先知道这些波的周期和波长。振幅和相位需要借助于最小二乘计算方法用水位测量数据进行推算。一个准确的潮汐预算需要大约 25 个主要要素。

　　目前，在相当多的验潮站，每十分钟进行一次水位测量，并记录数据至处理中心。通过一系列的测量来推算其成分，在这些求得的成分的基础上，计算高低潮，并在潮汐图表中发布。

显然，最重要的组分是半月潮 m2 和半日潮 s2。另一个重要的组分是 m2 的谐波 m4。这要素有一个 6 小时 12.5 分的频率。同样还存在有 6 日潮和 8 日潮。当半日潮不是很强时，这些谐波可能引起早期所描述的双潮汐现象。如图 8-10 所示。

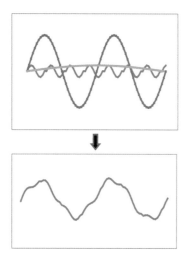

图 8-10　三分潮叠加调和分析

3. ATT 模型

Admiralty Tide Tables(ATT)是通过全球大量的港口预测的天文潮的潮汐表。ATT 由英国海军部(水文服务)发布。这些预测基于最重要的潮汐组成，通常足以满足正常的航运所需的精度。

ATT 由两部分组成，一个是港口数据，另一个是日期时间的相关信息。从这些数据可以求得 4 个最重要组分的高度和周期，即 M2、S2、O1 和 K1。进一步可以计算得浅水潮 f4 和 f6。潮高计算公式如下：

$$\zeta = Z_0 + \sum F_i H_i \cos(A_i + g_i - w_i t) \tag{8-8}$$

式中，Z_0——港口号，或是平均海水面和当地海图基准的差值，m；

F_i——选定日期的要素的高度因子，m；

H_i——选定港口的高度因子，m；

A_i——选定日期的特殊要素的天文因子,°;

g_i——选定港口的时间改正,°;

w_i——要素的周期,°/hr。

4. 中国近海潮汐预测模型

中国近海的主要分潮是 M2、S2、K1、O1 和 Sa;第二主要分潮是 P1、N2、K2 和 Q1。在这里我们介绍一下涉及的这几个分潮的计算。

1)潮汐计算数学模型

当已知潮汐调和参数时,推估公式为

$$\zeta = A_0 + \sum_i f_i \cdot H_i \cos[\sigma_i \cdot t + (\nu_{oi} + u_i) - G_i] \tag{8-9}$$

式中,A_0 是平均海平面在潮高基准面上的高度,H 和 G 是分潮的调和常数,这三个参数都可以通过国家颁布的潮汐表中查出;σ 是分潮的角速度;ν_o 是分潮的格林尼治天文初相角,决定于推算的起始时刻;f 和 u 是分潮的交点因子和交点订正角。

2)数学模型中各分量的计算

(1)分潮角速度 σ (单位为:度/小时)的计算公式为

$$\sigma = 14.49205211 \times u_1 + 0.54901653 \times u_2 + 0.04106864 \times u_3 +$$
$$0.00464183 \times u_4 + 0.00220641 \times u_5 + 0.00000196 \times u_6 \tag{8-10}$$

式中,u_i 是分潮的杜德森(Doodson)数,可从主要分潮表中查取。

计算的分潮角速度(单位为:度/小时)见表 8-1。

表 8-1　　　　　　　　　　　　　　　调和参数表

分潮代号	M2	S2	N2	K2	Sa
角速度	28.984104	30.00000	28.439730	30.082137	0.041069
分潮代号	K1	O1	P1	Q1	
角速度	15.041069	13.943036	14.958931	13.398661	

(2)分潮天文初相角 ν_o 的计算。

①天文要素的计算公式为

$$\tau = 15 \times t - s + h \tag{8-11}$$

$$s = 277.025 + 129.3848 \times (y - 1900) + 13.17640 \times (n + i) \quad (8\text{-}12)$$
$$h = 280.190 - 0.23872 \times (y - 1900) + 0.9857 \times (n + i) \quad (8\text{-}13)$$
$$p = 334.385 + 40.66249 \times (y - 1900) + 0.11140 \times (n + i) \quad (8\text{-}14)$$
$$n = 259.157 - 19.32818 \times (y - 1900) - 0.05230 \times (n + i) \quad (8\text{-}15)$$
$$P = 281.221 + 0.01718 \times (y - 1900) + 0.00005 \times (n + i) \quad (8\text{-}16)$$

式中，t 是格林尼治平太阳时，潮汐的预报总可将时间原点置于某日的零时，故 $t=0$，所以有 $\tau=-s+h$；y 是年份；i 是从 1900 年到 y 年的闰年次数，等于 $\frac{1}{4} \times (y-1900)$ 的整数部分；n 是从 y 年 1 月 1 日开始算起的日期序数，如 1 月 2 日的日期序数为 1。

②分潮天文初相角 ν_o 的计算公式为

$$\nu_o = u_1 \times t + u_2 \times s + u_3 \times h + u_4 \times p + u_5 \times n + u_6 \times P + 90 \times u_0$$
$$(8\text{-}17)$$

式中，u_i 是分潮的杜德森（Doodson）数，可从主要分潮表中查取。

(3)分潮的交点因子和交点订正角 f 和 u 的计算

交点因子和交点订正角随时间变化不大，一般 3~4 年可以取同一个值。分潮 M2、O1、P1、K2、K1 的 f 和 u 值可以从基本分潮的 f, u 表中查取，N2 分潮的 f, u 值与 M2 分潮的 f, u 值相同，Q1 分潮的 f, u 值与 O1 分潮 f, u 值相同，Sa 分潮与 S2 分潮的 f 和 u 值是一个常量，分别为 1.000 和 0。

表 8-2   **调和参数表（2007 年 1 月 1 日的 f, u 值）**

分潮代号	M2	S2	N2	K2	K1	O1	P1	Q1	Sa
F	0.965	1.000	0.965	1.313	1.112	1.178	0.988	1.178	1.000
U	0.40	0	0.40	2.93	1.38	−1.66	0.06	−1.66	0

5. 潮汐预测软件

在日常船舶导航中，大多使用顶点法来进行潮汐预测，在陆上某一位置计算高低潮的时间和高度。进行预测的场所必须是一个标准港口或二级港口，标准港口可以进行长期的潮汐测量，这些测量结果将应用于谐波分析，使用这些谐波，可以计算出高低潮的时间和高度。

现在有很多软件可在因特网上使用，其中大部分仅限于在固定的点位预测潮汐的高度，比如标准港口或二级港口。一些软件甚至有上万个这样位置的数据库。相反，只有很少部分软件有能力预测海里任何位置的潮高。预测港口或随机位置的差异在于这些点谐波常数的可用性。对于港口，全球分布有 4200 个站点，每个预测要素都能从潮汐要素银行（TCB）获得，潮汐要素银行由加拿大水文服务中心（CHS）管理。对于随机点的潮汐预测，则需要在预测区域内均匀分布的所有数据。用数学模型进行潮汐模拟演示，对其分析，以得到这些必要的数据集。

对于港口潮汐预测方法有很多程序可用，原因是很多用户（如导航员和游艇驾驶者）只对特定地点和特定时间的潮汐感兴趣。这种潮汐预测方法对于海洋测量是十分有用的。

潮汐数据准确性对于我们海底地震勘探作业激发点和接收点的高程值有很大的影响，所以我们在进行海底地震勘探施工时必须注意潮汐数据准确性。在以往的勘探作业中，我们对于海上地震勘探导航数据的潮汐预测是基于潮汐表所提供的模型而进行计算的。如图 8-11 所示。

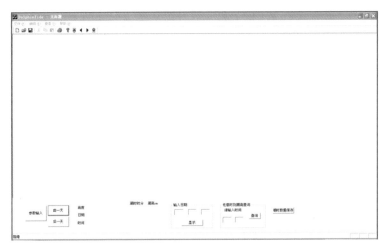

图 8-11　潮汐预测软件主界面

点击"参数输入"或者工具栏上的"输入调和参数"按钮，弹出输入潮汐调和参数对话框，输入查得的潮汐调和参数，图中 M2、S2、N2 等为分潮的代号，H 代表分潮的振幅，单位为厘米，G 代表分潮的迟角，单位为度。预报时间一栏如果不填，则显示当天的实时结果。

如图 8-12 所示，单击"调和参数输入"对话框 OK 按钮后，即显示推估的实时结果。

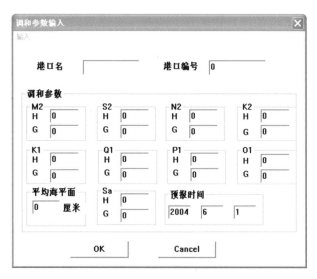

图 8-12　潮汐调和参数输入界面

单击"前一天"或者"后一天"按钮，则显示前一天或者后一天的实时结果。在图形下方的信息栏中显示潮高及对应的日期与时间，并显示当天的潮时时分及潮高。如果查询的日期与当前日期相差太远，可以在"输入日期"栏输入日期，单击"显示"按钮，则显示新输入的日期的潮汐实时结果；并能查询当天任意时刻的潮高数据，时间精确至分；还能对当天的潮时数据进行保存(每时潮高及潮时时分及潮高)，保存为 txt 文件。

为了在野外作业的实时导航定位过程中，把当前时刻的潮汐数据用于水深数据的改正，我们需要把当前任意时刻的数据存储到数据库中，并根据一定的时间间隔更新。

8.3.2　潮汐数据应用

测得或预测得潮汐数据后，应该将它们应用到普通的水深测量和海底勘探施工作业中。当使用 RTK DGPS 时，由于所有的深度值都进行了 RTK 高度改正，所以它们之间是不相关的，除非这些 RTK 值曾用于潮汐建模。

根据项目在一个或多个地方进行潮汐观测，这些地方很少正好是测量施工的地方，所以需要将这潮汐观测转换到施工区域的潮汐。这一处理过程称为潮汐观测的插值与转换。当在测区使用验潮仪实际观测潮汐时，我们需要确定这些值是否能应用于整个工区，或基于实际测得的潮汐生成许多的虚拟验潮站点。

最后，我们需要将潮汐观测应用到测量中。通过测量船和测得的位置与时间，可以进行测量数据的潮汐改正。

1. 内插和传递

有多种方法从一个特定坐标获取潮汐值。比如，当我们在某一海域进行测量时，我们可以从一个沿海的验潮站点向工区内的潮汐进行转换。通过联合潮汐、联合区域图表进行潮汐转换，还需要对潮汐值设置一个特定的比例因子转换测量数据。

例，我们想在工区内箭头的位置(交叉于 0h/4m 线)生成潮汐值，我们在箭头的另一端(1h/2m 等高线)上测量潮汐，我们需要设一个 4/2=2 的比例因子，用 1h 的潮汐值来转换潮汐。

如果测区内有很大的潮汐变化，我们可能需要生成多个虚拟的站点，通过在这些站点进行插值，以得到潮汐的值。

当测区内有多个验潮仪工作时，或河流水位随着距离变化(在荷兰，Waal 河相对于海图基准有一个平均 10cm/km 的变化)，同样要使用到数据插值。

根据测量的点到不同验潮站的距离，我们使用不同的内插技术：

(1)线性：这种方法基于到验潮站之间的距离使用加权平均。这种方法在开阔的水域非常有效。

(2)沿着路线：这种方法通常用于河流，是线性方法的发展版本。使用两验潮站之间沿线路的距离作为权值。

(3)其他：对于特殊的情形，有特殊的计算法则进行内插潮汐信息。这种方法常用于当验潮站所在位置不能代表测区位置时，比如一个海湾。通常这种方法是基于线性方法的，只是根据验潮站的位置有不同的权值。这种方法需要有测区广泛的水力资料，如果这些水力资料不可用，则不应使用这种方法。

2. 应用潮汐值

潮汐值的应用基于时间和位置。如果我们要转换或内插潮汐值，那么位置很重要。对于在测量时刻使用正确的潮汐改正，时间很重要。潮汐值和测量时刻使用正确的潮汐改正，时间很重要。还有一点很重要，就是潮汐值和测量应置于相同的时间系统中（如 UTC）。通常对于一个固定的验潮站的潮汐值常使用地方时间。

大部分软件包使用 UTC 作为时间基准，或更差的计算机时间。如果是这样，我们应该在应用这些潮汐之前，将其调整到和测量工作相同的时间框架内。

8.4 沙特 S49 项目验潮站建立

潮汐数据的准确性，对于海上地震勘探作业激发点和接收点的高程值有很大影响。在以往的勘探作业中，对于海上地震勘探导航数据的潮汐改正，是基于潮汐表所提供的模型而进行的。但是，在某些施工区域，不一定能够得到比较准确的潮汐模型，或者根本就没有这些方面的数据。这就要求我们必须通过自己建立验潮站的方法来获取潮汐数据，并用于水深测量的改正，沙特 S49 项目正是这样一种情况。所以，我们应用 GPS 水准测量技术和英国 SRD 公司生产的验潮仪，在 S49 项目工区内 Qurayyah 南部地区建立了两个验潮站，用于海上导航测量数据的潮汐改正。

8.4.1 验潮仪选取

验潮站所使用的 SRD 验潮仪，是一种轻便的、具有完全自校正功能的声学仪器。验潮仪的工作原理是：通过实时测定声学探头到水面的距离，获得水面潮高的实时变化。验潮仪完全自校正功能的实现：采用一个位于探头下方、固定长度的校准尺，作为探测目标来测定声速，从而实现自校正。SRD 验潮仪的量测精度达到 10mm，潮高值的采样率可由用户自行设置。若配备无线通信电台或其他的数据传输网络，即可组成一个自己的验潮站网络，实时监测海水的起伏变化。

8.4.2 验潮站选址

沙特 S49 项目 A、B 区块的 42 条地震测线穿越了从 Salwah 镇 Dammam 城沿海岸线的广阔潮间带区域。这一区域内都是岩石覆盖的水下地形和海滩，小滩小岛众多，地形起伏变化较大、水下情况复杂，没有石油开采平台、港口或码头。在甲方提供的潮汐资料中，没有这一区域的潮汐情况。因此，需要建立自己的验潮站。根据这种情况，在工区前期踏勘后，我们在 A、B 区块进行了验潮站的选址工作。

1. 验潮站的选址原则

(1)验潮站所处位置应该能够避免或经受得住可能遇到的暴风等恶劣天气的影响；

(2)拟建验潮站处的地面地表必须稳定、坚固，不会因周边的建筑施工或其他土地资源的开发活动而发生地表沉降现象；

(3)尽量避免在河流入海口建验潮站，因为江水与海水混合，会导致水密度的变化，使潮汐的变化处于不确定状态；

(4)应避开在与开阔海域脱离的海湾地形和狭长的斜坡式海滩上建验潮站，因为这样的地域在低潮期会出现无典型特征的潮汐变化；

(5)验潮站所处的位置应能够提供不间断的电力供应和完好的通信线路；

(6)验潮站所处的位置要便于安装以及维护人员的进出，保证所装的仪器和设备的安全，避免被偷窃或破坏；

(7)所选位置的安装条件是必须有足够的水深来记录最高潮和最低潮位置；

(8)所选位置附近应有足够的完好无损的大地水准点，以便同验潮站进行 GPS 水准联测。

S49 项目测量导航人员根据施工作业前期踏勘的情况，并综合上述验潮站的选址原则，在 A、B 区块的 Uqayar 边防哨所和 Salwa 边防哨所附近选择了 A、B 两个验潮站。

2. GPS 水准测量

从 1987 年开始，GPS 技术就开始应用到常规的水准测量工作中。而且，这种水准测量的方法在以后的发展过程中，被越来越多的测量工作人员所接受。

根据多年来的工作经验，我们确信，GPS 水准测量技术在地球物理勘探领域是一种有重大价值的测量技术。这种测量技术随着 GPS 技术的更新发展，具有常规水准测量技术不可比拟的优越性。比如，它比常规水准测量技术所需要的工程经费少，而工作效率却高得多。在进行 GPS 水准测量过程中，测量员不需要像常规测量那样经过一步一步水准观测从一个水准点到新的施测水准点，而是只需像 GPS 静态定位那样，在计划的施测点上进行 GPS 数据采集，对计划的施测点与已知的水准点进行量测。最后，经过 GPS 定位处理软件高程拟合的数据处理，就可以得到新的施测点的水准高程。很多工程项目都已证明 GPS 水准测量的高程精度能够达到±1cm。图 8-13 所示就是我们在工区内建立的 GPS 水准网。

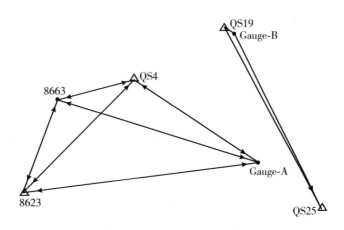

图 8-13　GPS 水准网示意图

在这里我们分别固定了 3 个水准点（8623，8663，QS4）和 2 个水准点（Qs19，QS25）来拟合新施测点 Gauge-A 和 Gauge-B 的水准高。GPS 水准拟合结果见表 8-3 和表 8-4。

表 8-3　　　　　　　　　　　**Gauge-A 验潮站 GPS 水准拟合结果**

点名	北坐标(m)	东坐标(m)	水准高(m)	到探头的改正数(m)	水准误差(m)	固定状态
8623	2835298.194	412394.449	29.364		0.064	NEh
8663	2838975.917	413667.17	16.982		0.065	
QS4	2839735.166	416579.713	26.559		0.064	NEh
Gauge-A	2836453.157	421409.831	1.038	0.701	0.065	

表 8-4　　　　　　　**Gauge-B 验潮站 GPS 水准拟合结果**

点名	北坐标(m)	东坐标(m)	水准高(m)	到探头的改正数(m)	水准误差(m)	固定状态
Gauge-B	2771920.955	457082.183	0.545	1.004	0.166	
QS19	2773154.305	455467.622	9.021		0.166	NEh
QS25	2741461.574	455467.622	20.978		0.064	NEh

8.4.3　实施及应用

1. 实施过程

为了得到可靠的潮汐数据，必须在正式施工前，制订详细的验潮站建立计划。计划内容包括：从石油公司(甲方)收集大地控制点及水准点成果，准备用于建立验潮站的材料，用于验潮站设备防风、防晒的小房子。于 2004 年 4 月 28 日建成验潮站，完成了 GPS 水准网的测量工作和进行潮汐数据的观测。

2. 潮汐数据分析

图 8-14 所示是 2004 年 5 月验潮站潮汐数据曲线。从图中可以看出：在 5 月份，该地区的潮高变化很小且规律性强，最高潮位与最低潮位只相差 60cm。

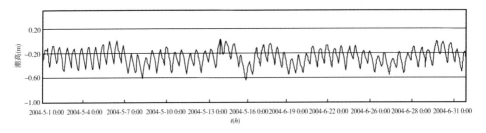

图 8-14　2004 年 5 月验潮站潮汐数据曲线

通过对沙特 S49 项目开工前设立的两个验潮站的观测数据进行分析，可以看到，工区所在海域的潮汐在一个太阳日内出现两次高潮和两次低潮，属于半日潮型潮汐。而且，高潮与低潮之间的海水平面相差不大，在 60cm 以内，对于 S49 项目承担的地震采集工作影响不是很大。我们获得的这些潮汐数据，填补了这一地区基础资料的空白。地震施工队伍可以使用我们实际测量得到的潮汐资料，来指导地震队在该地区作业时的生产组织安排。同时，也可利用这些数据来修正海上地震勘探导航定位资料的检波点和炮点的实际采集高程。

8.5　本章小结

本章阐述了潮汐的形成原理，并从天体物理学的角度定性和定量分析了引潮力；介绍了潮汐测量中水位验潮尺、浮标式验潮仪、压力式验潮仪、声学验潮仪及 GNSS 验潮等设备和使用方法；介绍和分析了潮汐预测工作中的中天法、谐波分析法、ATT 模型及中国近海潮汐预测模型、潮汐数据应用过程中的内插和传递及潮汐预测软件；通过沙特 S49 项目，介绍了验潮站的建立方案、实施过程和潮汐数据的应用，对海底地震勘探过程中准确地掌握作业区域的潮汐变化情况、合理安排其作业计划与时间及地震勘探后期的资料处理具有重要的指导作用。

第9章 海底地震勘探综合导航系统研制与应用

随着海底地震勘探技术的发展，各种与海底地震勘探相关的综合导航系统也不断地被开发出来应用于野外地震勘探作业，如 Hydro、Qinsy、WinFrog 及 Gator 等。这些软件系统在不同程度上满足了 OBC 和海洋节点地震勘探野外采集导航作业的需求，但尚未充分融合和应用当前电子信息、地理信息及遥感等相关技术到综合导航系统中，尚无法完全满足当前需要。此外，这些系统均为国外系统，我国一直没有系统介绍自主的海底地震勘探综合导航定位系统。为此，本章从海底地震勘探野外作业生产的实际出发，融合当前电子信息技术、地理信息及遥感等技术，向读者介绍能够满足复杂工区和野外生产作业数字化管理需要的海底地震勘探综合导航系统。下面详细地介绍该系统开发和应用情况。

9.1 系统设计方案

9.1.1 系统总体设计

海底地震勘探的野外采集作业一般分为放缆作业或海洋节点释放作业、二次定位作业和野外地震资料数据同步采集作业三个主要流程。放缆作业和海洋节点释放作业，就是把一种安装有地震波接收设备(检波器)的电缆或海洋节点按照设计位置沉放到海底；二次定位作业，即确定检波器或海洋节点沉放到海底后的确实空间位置，一般可采用初至波定位或声学定位来完成此项工作[99]。野外地震资料数据采集作业就是在海面上利用人工激发地震波而进行地震波资料的采集。

所以，一个基本能满足海底地震勘探的野外采集作业任务的综合导航系统，必须具备水深测量踏勘、放缆导航作业、二次定位作业、野外地震资料数据同步采集作业的功能；另外，为了提高野外生产作业质量及减少野外生产作业人员和减低生产成本，还要求系统必须能够完成系统中央集中控制和远程控制任务。同时，为了满足复杂工区条件下的施工作业和野外作业生产数字化管理的要求，它还应是一个分布式结构的海底地震勘探作业船队生产作业指挥系统。

能满足以上需求的海底地震勘探综合导航系统主要由以下部分组成：差分 GPS 系统、测深仪、电罗经、声学定位系统、导航定位数据采集服务器、地震采集同步控制器、无线通信电台网络、海底地震勘探综合导航软件等，如图 9-1 所示。系统实现了海底地震勘探作业船只作业测线设计、导航定位系统设置、水深测量、放缆作业、电缆声学定位作业、野外地震资料数据同步采集作业、中央集中控制和远程控制等导航定位作业任务以及野外地震队的生产指挥与管理。

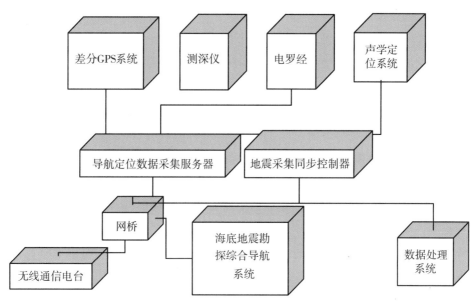

图 9-1　海底地震勘探综合导航系统框图

9.1.2　系统无线通信网络设计

为了实现中央集中控制和远程控制等系统功能，拟采用 2.4GHz 11M 带宽

的扩频技术电台及 900MHz 的 Free Wave 电台作为无线网络的通信设备。这两
种电台组成的数据通信链具有如下技术特点。

1. 抗干扰性能强

这两种电台都采用跳时扩频信号，系统具有较大的处理增益。发射时，
将微弱的无线电脉冲信号分散在较宽阔的频带中，输出功率比较小。接收时，
将信号能量还原出来，在解扩过程中产生扩频增益。

2. 传输速率高

2.4GHz 电台的数据速率可以达到几十兆 bit/s，900MHz 的 Free Wave 的
数据传输率也能达到 38400bit/s。

3. 发送功率小

系统发射功率比较小，通信设备可以用小于 1W 的发射功率就能实现通
信。低发射功率大大降低了系统的总耗电；而且，发射功率小，其电磁波辐
射对人体的影响也会很小。

这样的设计能够使得系统实现整个作业船队基于专门的无线网络进行数
据管理，从而实现船队中各个子船之间的数据交换及数据处理。

9.1.3　基于(C/S)结构的软件技术

海底地震勘探综合导航系统不仅是一个海底地震勘探作业队伍的中央控
制和指挥系统，同时它又是一个多船分布式协同作业的数据管理系统。所以，
采用基于(C/S)结构的软件技术来构建系统综合导航软件，如图 9-2 所示。在
这种结构体系下，数据库服务程序只是动态管理系统中的所有实时数据的服
务程序，而所有其他系统模块程序都是它的客户程序。数据库服务程序在系
统运行的过程中一直是扮演着一个被动的角色，它从来不会运行以它自己意
志动作的程序。它除了运行一些自我维护数据的任务外，任何所有其他的数
据发送或接受任务都由其他客户程序来完成。

在海底地震勘探综合导航系统中，每一条作业船都拥有一个独立的数据
库。不管是子船还是母船的数据库，它都有一个服务程序，监听其他本地的
或远程的客户程序。它可以通过 RPC 远程启动其他作业船上的客户程序，也
可以实现启动在同一条船上运行在另外计算机中的客户程序。

所有客户程序可以从服务程序所维护的动态数据库中提取同一条数据项

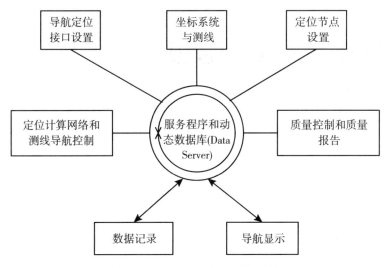

图 9-2 基于(C/S)体系系统设计

目为自己所用，但是在同一时刻，所有客户程序所产生并提交给服务程序所维护的动态数据库的数据项目是唯一的，以确保数据库中数据的相容性。

9.1.4 系统主要功能设计

经过调研和详细设计，综合导航系统必须包括一些基本系统设置功能，如导航定位接口配置、作业船定位网络与观测值配置、地震勘探测线设计等功能，此外，还需实现以下功能：中央集中控制和远程控制、作业船实时导航定位、震源阵列导航定位、海底电缆声学定位、地震同步采集控制、综合导航显示、海底地震作业实时质量控制、地震标准格式的数据记录及作业船只作业监控和 HSE 管理等。

1. 系统设置

系统设置功能主要包括项目信息及坐标系参数配置、导航定位设备配置、导航网络节点配置以及地震导航测线设计等。

1)项目信息设置

如图 9-3 所示，用户可以配置测量坐标系椭球、投影、GPS 设备的坐标系、设备坐标系到测量坐标系的转换参数等。

图 9-3　项目信息设置

2）导航定位设备接口配置

设置作业船只外部连接设备的数据通信参数，使系统能读取数据并提交给数据库。

设备接口配置的功能包括整个船的所有设备接口配置和外部触发的接口设置。设备的接口配置参数包括串口的参数配置、设备的主辅定义、设备数据格式的选择，定义跟数据采集相关的参数以及其他设备相关的参数。系统可支持 7 种设备接口：GPS、电罗经、姿态传感器、枪控控制系统、声学定位系统、RGPS 以及同步控制器等，如图 9-4 所示。

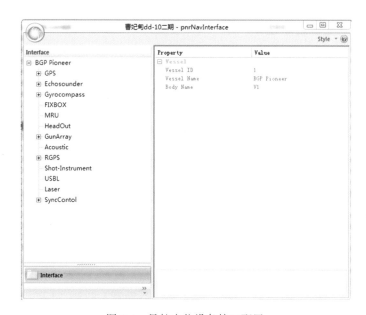

图 9-4　导航定位设备接口配置

3）作业船定位网络与观测值配置

配置作业船定位网络节点及观测值。定义各个节点相对于参考节点(作业船参考点)的偏移关系及定位网络中导航定位传感器观测值的组成，如图 9-5 所示。

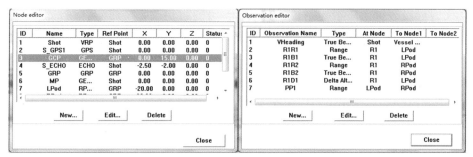

图 9-5　作业船定位网络与观测值配置

4）地震勘探测线设计

方便用户输入各项参数，对地震勘探测线进行设计，包括直线设计和折线设计，如图 9-6 所示，以便于后续地震勘探施工放缆和放炮的导航作业、声学定位作业使用。测线设计以折线设计为基础，折线是由一系列拐点组成，直测线可以看做是其中的一种特例，仅由两个拐点组成。

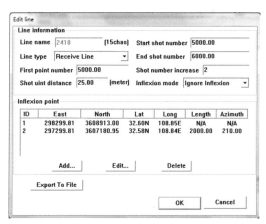

图 9-6　测线设计

2. 中央集中管理和远程控制

系统利用无线通讯电台组成海底地震勘探作业船队内部局域网络。这样，使得作业船队在系统安装期间，就可通过内部网络对各个作业船只的配置文件进行调试。在 OBC 生产作业期间，也可在作业母船对其他作业船只的系统配置，根据作业需要进行修改。在无线电台通信的有效距离范围内，海底地震勘探综合导航系统也可根据具体情况，在作业母船远程记录其他作业船只的实时导航数据、质量控制数据。同时，可通过更改系统配置，在作业母船实时地远程控制其他作业船只的导航定位作业，减少导航作业人员，真正实现中央集中管理和远程控制。此外，还减少了系统同一数据的多元化，使整个作业船队所使用的导航关键数据(如测线数据、GIS 数据库、系统配置数据)都是唯一的，减小了野外作业人员出错的可能性。

3. 作业船与震源阵列实时导航定位

1)作业船实时导航定位

计算流程如图 9-7 所示，系统获得 2 台 DGPS 和 2 台电罗经的观测数据，其中，DGPS 的观测数据为点位坐标，电罗经的观测数据为船体运动方向。每次得到观测数据后，进行数据预处理，剔除粗差数据；应用估计海况和船型

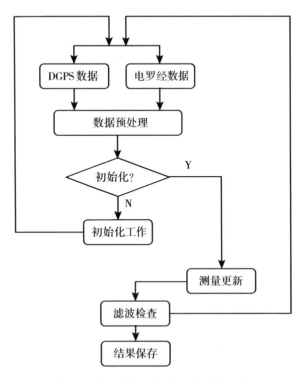

图 9-7　作业船实时导航定位计算流程

因素的船位分级滤波模型算法，计算作业船参考节点的运动轨迹，推算船体其他定位节点的实时坐标，并存储到数据库或文件中。输出 RGPS 参考站节点的定位结果，作为后续计算震源阵列上 RGPS 流动站的已知参考点。

2）震源阵列导航定位

基本数据处理流程如下：根据作业船定位网络，推算 RGPS 基准站的实时位置，作为 RGPS 相对定位的起算数据。获得所有 RGPS 流动站的基线长度和基线方向观测值，首先利用多项式拟合粗差剔除和同步算法进行数据预处理，剔除粗差数据；并进行基线长度的投影变形改正和基线方向的投影方向改正（子午线收敛角计算）。然后，分别对每个 RGPS 流动站设计一个标准卡尔曼滤波算法，计算各 RGPS 流动站的运动轨迹。最后，根据各 RGPS 流动站的位置与震源阵列各个枪体的偏差信息，推算相邻震源阵列各个枪体的实时坐标，并存储到数据库。

震源阵列定位算法流程图如图 9-8 所示。

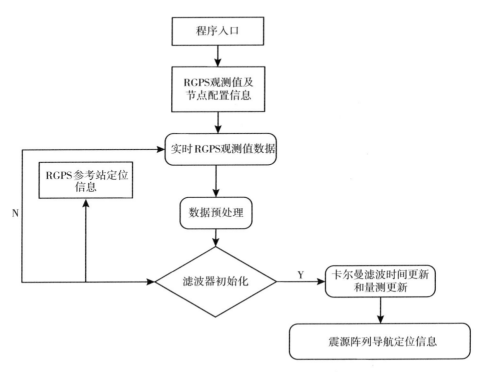

图 9-8　震源阵列定位算法流程图

4. 海底电缆声学定位

海底电缆在综合导航系统指引下沉放到海底后，其在海底实际位置精确程度对地震采集资料的可靠性尤其重要。野外施工中，一般采用声学定位系统来解决此类问题。图 9-9 所示就是 SONARDYNE 生产的声波发生器 OBC12 及声波应答器 7815 组成的海底电缆声学定位系统。

图 9-9　声学定位采集设备

海底地震勘探综合导航系统提供了 OBC12 实时声学定位的接口和东方地球物理公司 BPS 声学定位系统的接口，如图 9-10 所示，并实现了控制母船对声学定位采集过程的监控。

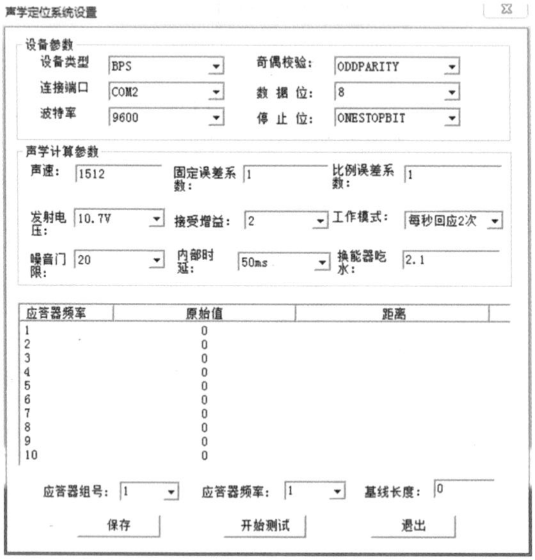

图 9-10　设置声学定位系统

通过软件界面设置声学定位系统通信参数、声学计算参数、声学定位发射电压、接收增益、噪音门限等参数，如图 9-11 所示。

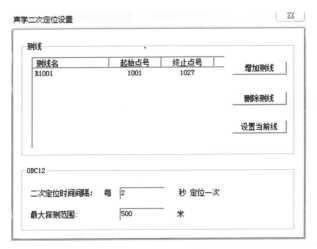

图 9-11 声学定位工作界面

通过声学定位工作界面，指定需要定位的测线、起止点号；设定定位工作时的定位应答时间间隔及最大探测范围；把选中的测线设置为当前工作测线，就可进行定位工作了。

5. 地震同步采集控制

设计的海底地震勘探综合导航系统将是海底地震勘探同步采集系统的核心，它把采集地震波的地震仪器记录系统，控制海上震源的气枪控制系统通过系统自身设计提供的接口 GPS 同步控制器，实现系统之间的同步采集和控制，如图 9-12 所示。

对于海底地震勘探船队来讲，一般情况下，气枪控制系统、地震仪器记录系统及综合导航系统不在同一条船上。所以，我们需要利用系统构建的无线通信网络和系统所控制的同步控制信号的触发与接收，实现各个系统之间的同步数据采集控制。

6. 综合导航显示

导航显示会显示船、震源及电缆相对于测线的几何位置。定位网络细节，用屏幕滚动的方法显示定位网络中任何部分情形；能进行多文档多窗口显示，

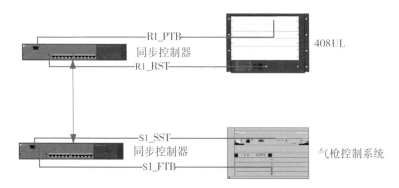

图 9-12　系统地震同步采集控制示意图

自定义舵手导航显示器的显示窗口，能够使舵手清楚直观地了解当前作业船的状态。如图 9-13 所示。

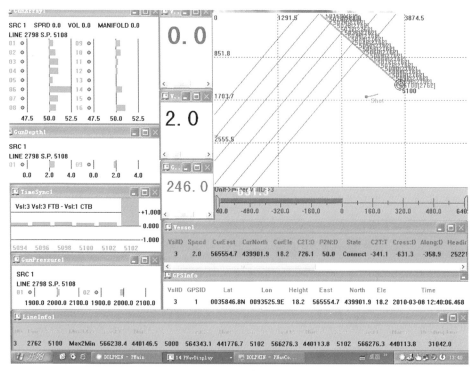

图 9-13　导航显示

7. 海底地震作业实时 QC 控制

海底地震勘探综合导航系统还向用户提供一套功能强大的质量控制手段。在每一条独立的作业船上,用户可以根据作业船的类型,监控所需要的数据。在质量控制模块中,把实时质量监控所用的数据调入,并进行实时的质量监控。同时,也可以在导航显示模块中显示所监控的数据进行质量监控。在作业母船,可以分别定制每条作业船只的质量监控窗口到系统不同的显示屏幕上,使作业生产指挥者、驻队监督等人员在母船上也能实时监控各条作业船只的作业质量。

同时,海底地震勘探综合导航系统也提供枪控制系统的质量监控接口。在震源船和母船上,用户都可以把各子枪的激发时间同步情况、枪的沉放深度、气枪压力等数据在自己的监控窗口以友好的界面显示出来,让导航员、作业生产指挥者、驻队甲方监督一目了然地了解每天枪控制系统的工作状况。如图 9-14 所示。

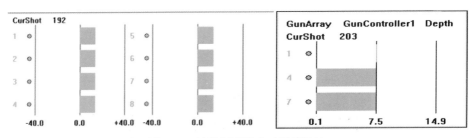

图 9-14　枪控制系统实时质量监控

8. 地震标准格式的数据记录

海底地震勘探综合导航系统提供了国际上各种标准地震导航数据格式的记录文件。这些数据格式包括:国际标准的导航定位原始数据格式 UKOOA P2/91 或 P2/94 格式,地震后处理所用的 UKOOA P1/90 或 SPS 格式等,如图 9-15 所示。

9. 作业船只作业监控及 HSE 管理

海底地震勘探不同于拖缆采集作业,它具有以下特点:作业船多,并需要统一指挥与管理,HSE 管理风险大,需要综合导航系统作为生产指挥系统来降低作业队伍的作业风险。比如,在系统中进行天气与施工作业分析,能

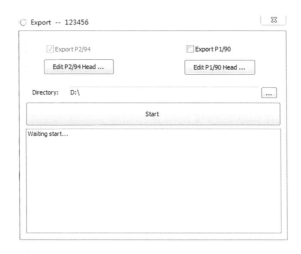

图 9-15　数据记录模块

够标注浅水等存在安全隐患的特殊地形位置；能够进行远程控制作业，减少作业人员的安全风险；实现作业船的位置与危险区域的报警与应急反应功能；海底地震勘探综合导航系统能够更好地实现对作业船只进行安全、科学、有效的管理，如图 9-16 所示。

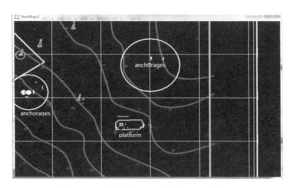

图 9-16　作业船只监控与 HSE 管理

9.2　系统项目应用与效果

根据系统设计方案，考虑到系统的易用性，在基于 Windows NT 操作系统平台下，研发了海底地震勘探综合导航系统。

系统在国内外海底电缆地震勘探施工中得到普遍应用，综合导航系统所提供的放缆导航、地震采集同步控制、实时质量监控能力等各项技术指标通过了国内外甲方的技术审计，圆满地完成了野外海底地震勘探采集施工任务，并取得了显著的应用效果。

9.2.1 作业船导航

使用作业船上的两台 DGPS 接收机和两台电罗经观测数据，进行实时导航数据处理，推算出船体参考中心的位置和速度，并将其与国外某系统中相应参考结果进行求差比较，船体参考中心的位置误差和速度变化如图 9-17~图 9-19 所示。

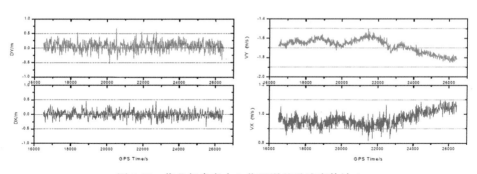

图 9-17　作业船参考中心位置误差及速度估计 1

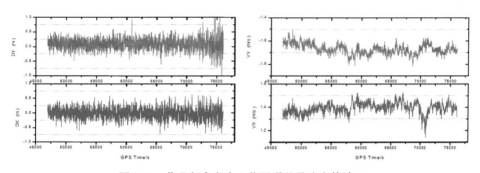

图 9-18　作业船参考中心位置误差及速度估计 2

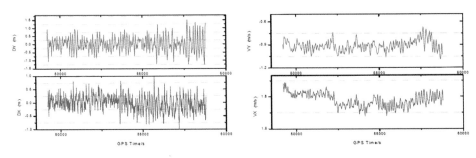

图 9-19　作业船参考中心位置误差及速度估计 3

　　分别对上述三个文件对应的船体参考中心的位置估计误差进行统计，结果如表 9-1 所示。

表 9-1　　　　　　　　　　　　　作业船滤波精度统计

		X 方向	Y 方向
101900050162	均值（m）	0.000	0.069
	标准差（m）	0.130	0.157
	RMS（m）	0.130	0.171
202701320161	均值（m）	−0.018	0.087
	标准差（m）	0.193	0.205
	RMS（m）	0.194	0.223
LH3D2290P1136	均值（m）	−0.011	0.024
	标准差（m）	0.295	0.447
	RMS（m）	0.295	0.448

　　由表 9-1 的统计结果可知，由 DGPS 定位结果滤波推算的船体参考中心的位置误差可以达到分米级的定位精度。101900050162 数据文件的定位结果最优，X 和 Y 方向的定位精度均在 0.2m 以内。北黄海项目的 LH3D2290P1136 数据文件的定位结果稍差，Y 方向的定位精度在 0.5m 以内。

9.2.2 震源阵列导航定位

将所有震源阵列导航定位估计结果与某国外软件的导航结果进行求差，得到其位置误差，如图 9-20~图 9-22 所示。

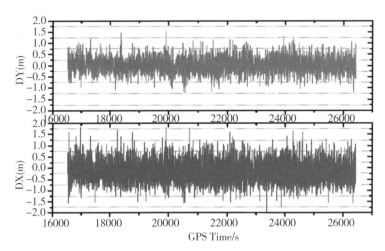

图 9-20 震源阵列导航定位估计结果比较 1

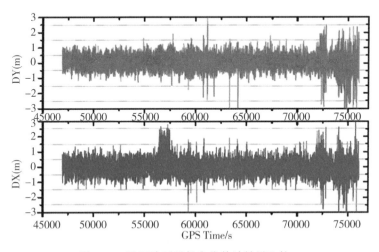

图 9-21 震源阵列导航定位估计结果比较 2

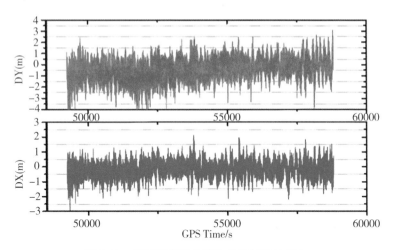

图 9-22　震源阵列导航定位估计结果比较 3

对上述的计算结果进行位置精度统计，结果见表 9-2。

表 9-2　　　　　　　　　　　震源阵列导航定位估计结果统计

		X 方向	Y 方向
101900050162	均值（m）	−0.266	−0.009
	标准差（m）	0.475	0.313
	RMS（m）	0.545	0.313
202701320161	均值/m	−0.042	0.057
	标准差/m	0.458	0.434
	RMS/m	0.460	0.437
LH3D2290P1136	均值（m）	−0.156	−0.253
	标准差（m）	0.526	0.905
	RMS（m）	0.549	0.940

从表 9-2 可知，以国外软件导出的震源阵列位置为参考，综合导航软件估计的所有震源阵列位置精度可达到 1m 以内。其中，两条测线（101900050162和 101900050162）的位置误差优于 0.5m，LH3D220P1136 的定位结果较差。

震源阵列导航定位可以达到米级定位精度，定位精度取决于基线向量的解算质量、投影变形误差、RGPS 基准站的定位精度等因素。

9.2.3 海底电缆声学定位

曹妃甸项目工区是渤海湾的重点油田区块,平均水深 30m 左右,区内风大浪高,水下暗流湍急,潮流大,流向是东西方向,测线是南北方向,按设计点位放缆时,电缆偏离设计点位最大 50 多米。根据甲方要求,第一束测线运用声学定位和初至波定位两种方法进行电缆的二次定位(见图 9-23),经比较,声学定位系统的定位结果明显优于初至波定位,最终确定使用声学定位进行电缆的二次定位。

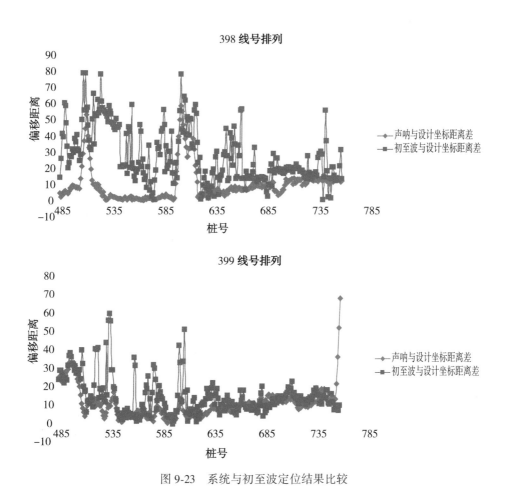

图 9-23　系统与初至波定位结果比较

通过目前在海上现场施工使用情况表明，系统声学定位模块已经能应用于实际生产，使用情况良好。

9.2.4　放缆过程控制

为了验证本书海底电缆放缆过程控制理论的准确性，我们在红海海底电缆施工项目中比较了传统放缆过程与本书研究成果指导下的放缆控制过程的海底电缆偏移理论设计的情况。具体工作方法如下：

（1）利用本书研究的成果，根据野外工区实际情况建立了电缆放缆过程的动力学模型，再采用有限差分法进行仿真模拟数值求解；确定了放缆作业时的作业船速度；

（2）在电缆段开始入水后，进行定位作业，一直调整到起点位置小于点位精度要求；

（3）刚开始放缆，船速保持在 0.5 节，根据电缆放缆过程的动力学模型和声学定位数据具体情况，通过控制绞车速度，在小部分电缆下水后，慢慢拖拽，使起始点位符合要求；

（4）持续调整到位大约需要 1km 的距离。调整到位后，提速到 1~1.5 节，声学定位实时监控；

（5）放缆过程调整方法：如果点位偏向测线前进方向，则通过提高绞车的转速（放缆速度大于船速），加大放缆的提前量，根据二次定位数据来确定该量；如果点位偏向反方向，则减慢绞车的转速（放缆速度小于船速），减小放缆的提前量，根据二次定位数据来确定该量。

如表 9-3 和表 9-4 所示，通过比较分析表明，本书提出的海底电缆运动状态分析理论和方法能够模拟计算海底电缆放缆作业时电缆的形态，提高了野外放缆作业的精度，并能及时科学地和安全地指导放缆作业过程。

表 9-3　　　　　　　　　传统放缆过程结果统计

测线名	起点	终点	测线长度	点数	超过 5 米的点	百分比
QMR818	313	516	10150	204	83	40.7%
QMR815	305	508	10150	204	79	38.7%
QMR816	305	517	10600	213	60	28.2%
QMR818	313	516	10150	204	84	41.2%
QMR813	305	510	10250	206	110	53.4%
QMR814	325	528	10150	204	54	26.5%

表 9-4 本书放缆过程结果统计

测线名	起点	终点	测线长度	点数	超过 5 米的点	百分比
QMR817	307	514	10350	208	36	17.3%
QMR820	303	508	10250	206	17	8.3%
QMR811	305	508	10150	204	16	7.8%
QMR812	311	518	10350	208	20	9.6%
QMR809	305	508	10150	204	11	5.4%
QMR810	305	508	10150	204	23	11.3%
QMR807	305	508	10150	204	23	11.3%

9.2.5 地震勘探同步采集

使用 GPS 同步控制器取代传统的电台同步控制气枪激发和仪器采集，系统同步控制功能稳定。

如图 9-24 所示，仪器记录信号 CTB（蓝色）与枪控制器返回的点火 TB 信号 FTB（红色）之差稳定在 $0.005\sim0.020\mu s$ 之间，比原先采用模拟信号方式的同步控制采集技术提高了 1 个数量级的同步采集精度，同时避免了电台干扰。

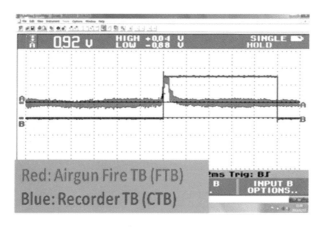

图 9-24 仪器和震源的同步采集

9.3　本章小结

本章详细地介绍了能够满足复杂海况下海底电缆石油勘探高精度、高效率及数字化管理需求的海底地震勘探综合导航系统的设计和研制及其应用效果。

首先介绍了基于多船分布式海底地震勘探综合导航定位系统的系统总体设计与系统主要功能设计。

然后将该系统应用于国内渤海和国际等勘探项目工程。应用结果表明，所研发的综合导航系统实现了野外作业船只分米级的导航定位精度，海底电缆声学定位的精度达到分米级，明显好于传统初至波定位。本书提出的海底电缆过程控制方法，能够模拟计算海底电缆放缆作业时电缆的形态，提高了野外放缆作业的精度，并能科学地指导放缆作业过程。新系统的同步采集精度达到 $50\mu s$，提高了野外作业同步采集精度，并实现了船队内部的数据共享和可视化管理，满足了统一生产指挥及安全管理的需要。

参 考 文 献

[1] 沈平平，赵文智，窦立荣. 中国石油资源前景与未来 10 年储量增长趋势预测 [J]. 石油学报，2000，21(4).

[2] 金春爽，乔德武，姜春艳. 国内外深水区油气勘探新进展 [J]. 海洋地质动态，2004，19(10).

[3] 靳文国. 对世界海洋油气资源现状及勘探的研究 [J]. 科技与企业，2014，(11).

[4] B. Cafarelli. Subsurface imaging with ocean bottom seismic [J]. World Oil，1995，216(10).

[5] 龚旭东，周滨，高梦晗，等. 检波点水深误差对 OBC 双检资料合并处理的影响与对策 [J]. 石油物探，2014，53(3).

[6] 张振波，王征，董水利，等. 海上多源多缆地震采集综合导航定位数据处理技术 [J]. 石油物探，2013，52(6).

[7] 陈浩林，张保庆，秦学彬，等. 海上 OBC 地震勘探高精度潮汐校正方法 [J]. 石油地球物理勘探，2014.

[8] 易昌华，方守川，曹国发. 基于卡尔曼滤波的海上地震勘探导航定位算法 [J]. 石油地球物理勘探，2011，46(1).

[9] 姜瑞林.《海底电缆地震资料采集技术规程》的编制和使用特点 [J]. 石油工业技术监督，2000，16(5).

[10] 杨怀春，刘怀山，童思友，等. 声波二次定位技术在 KD-1 高精度地震采集中的应用 [J]. 海洋地质动态，2004，20(4).

[11] 万欢，但志伟，冯全雄. 海上地震勘探外源干扰快速压制方法 [J]. 工程地球物理学报，2010，7(1).

[12] 杨佳佳，何兵寿，张建中. 海底天然气水合物 OBS 多分量地震正演模拟

（英文）［J］. Applied Geophysics，2014(4).

［13］杨正华. 海上地震勘探模拟实验研究及二次定位理论探讨［D］. 长安大学，2004.

［14］张亚利. 东海区高精度无线电定位系统的建立和应用［J］. 海洋技术，1986.

［15］姜义成. 无线电定位原理与应用［M］. 北京：电子工业出版社，2011.

［16］杨元喜. 北斗卫星导航系统的进展、贡献与挑战［J］. 测绘学报，2010，39(1).

［17］石卫平. 国外卫星导航定位技术发展现状与趋势［J］. 航天控制，2004，22(4).

［18］柯新. 论卫星导航的发展［J］. 海运科技，2000(3).

［19］H. Zhang，J. Zheng，H. Zhou. Positioning accuracy analysis of RBN DGPS applied in precision forestry［J］. Transactions of the Chinese Society of Agricultural Engineering，2011，27(7).

［20］毛虎，吴德伟，卢虎，等. GPS/INS 超紧致耦合压制干扰能力分析［J］. 电讯技术，2014(4).

［21］R. Smith，D. McConnell，J. Rowe. The application of airborne electromagnetics to hydrocarbon exploration［J］. First Break，2008，26(11).

［22］魏成平. 408ULS 与 GATOR 系统联机在地震施工中的使用［J］. 石油仪器，2006，20(1).

［23］张树林，夏斌，何家雄. 海上多波多分量地震采集技术的应用——以莺歌海盆地为例［J］. 天然气地球科学，2005，16(1).

［24］杨元喜. 自适应动态导航定位［M］. 北京：测绘出版社，2006.

［25］于洋. 卡尔曼滤波器在船舶航迹跟踪中的应用［J］. 江苏船舶，2005，22(2).

［26］朱广生，陈传仁，桂志先. 勘探地震学教程［M］. 武汉：武汉大学出版社，2005.

［27］P. Christie，D. Nichols，A. Özbek，et al. Raising the standards of seismic data quality［J］. Oilfield Review，2001，13(3).

［28］王厚基. GPS 尾标定位系统的定位精度［J］. 导航，1998，34(3).

[29]杨志国, 张建峰, 高祁, 等. 空气枪震源子阵间距变化的形成与影响[J]. 勘探地球物理进展, 2010, 33(2).

[30]E. Zajac. Dynamics and kinematics of the laying and recovery of submarine cable[J]. Bell System Technical Journal, 1957, 36(5).

[31]W. Woolhouse. On the deposit of submarine cables: To the editors of the Philosophical Magazine and Journal[J]. XLIX, 1860.

[32]W. Thomson. On the Forces Concerned in the Laying and Lifting of Deep-Sea Cables[J]. Proceedings of the Royal Society of Edinburgh, 1865.

[33] J. Wittenburg. Dynamics of systems of rigid bodies [M]. Teubner Stuttgart, 1977.

[34]W. Siemens. Contributions to the theory of submerging and testing submarine telegraphs[J]. Journal of the Society of Telegraph Engineers, 1876, 5(13, 14).

[35]M. Patel, M. Vaz. The transient behaviour of marine cables being laid—the two-dimensional problem[J]. Applied Ocean Research, 1995, 17(4).

[36]向晓丽, 陈世军, 刘洪雷, 等. 高精度可变面元三维地震勘探与实践[J]. 石油物探, 2011, 50(1).

[37]蒋连斌, 侯成福, 刘仁武, 等. 沙特复杂过渡带地震资料采集中的难点及对策[J]. 石油物探, 2009, 48(2).

[38]谭绍泉. 海上煤田高精度三维地震采集技术及应用效果[J]. 石油地球物理勘探, 2004.

[39] J. W. Leonard, S. R. Karnoski. Simulation of tension controlled cable deployment[J]. Applied Ocean Research, 1990, 12(1).

[40]S. Huang, D. Vassalos. A numerical method for predicting snap loading of marine cables[J]. Applied Ocean Research, 1993, 15(4).

[41]M. Vaz, M. Patel. Three-dimensional behaviour of elastic marine cables in sheared currents[J]. Applied Ocean Research, 2000, 22(1).

[42] J. Prpiĉ, R. Nabergoj. Dynamic tension of marine cables during laying operations in irregular waves[J]. International Shipbuilding Progress, 2001, 48(2).

［43］杨志国，陈昌旭，张建峰，等．提高浅海 OBC 地震资料采集作业放缆点位精确度的理论计算方法［J］．石油物探，2011，50（4）．

［44］韩欢，蔡穗华，牛宏轩，等．理想状态下电缆在海水中运动轨迹的动态模拟研究［J］．工程地球物理学报，2011，8（3）．

［45］李同，郭智慧，徐建军，等．运用 Makailay 软件提高深海地震勘探放缆精度［J］．物探装备，2012，22（2）．

［46］宋勇，关玉东．OBC 施工中导航作业的关键技术剖析［J］．物探装备，2009，18（6）．

［47］方守川．Algorithm Study on Secondary Positioning System of OBC［A］．In CPS/SEG 国际地球物理会议［C］，2009 of Conference.

［48］方守川，秦学彬，任文静，等．基于多换能器的声学短基线海底电缆定位方法［J］．石油地球物理勘探，2014，49．

［49］徐维秀，段卫星，刘治红，等．提高初至波二次定位精度技术的探讨［J］．石油物探，2009，48（3）．

［50］王成礼，宋玉龙，付强，等．检波器二次剩余定位方法与效果［J］．石油物探，2007，46（5）．

［51］冯凯，陈刚，罗敏学．二次定位技术的应用［J］．石油地球物理勘探，2006，41（3）．

［52］韩立强，常稳．海底电缆初至波二次定位技术的应用［J］．石油物探，2004，42（4）．

［53］唐秋华，吴永亭，丁继胜，等．RTK GPS 在超短基线声学定位系统安装校准中的应用［J］．海洋测绘，2005，25（5）．

［54］张宝成，徐雪仙．声速不均匀修正对水声定位系统测距精度的影响［J］．声学与电子工程，1992，4（7）．

［55］王燕，梁国龙．一种适用于长基线水声定位系统的声线修正方法［J］．哈尔滨工程大学学报，2002，23（5）．

［56］F. Barr，刘玉班．双检波器海底电缆技术［J］．国外油气勘探，1998，10（1）．

［57］刘海波，全海燕，陈浩林，等．海上多波多分量地震采集综述［J］．中国石油勘探，2007，12（3）．

[58]何樵登. 地震勘探原理与方法[M]. 北京：地质出版社，1986.

[59]基孟，永刚. 地震勘探原理[M]. 北京：石油大学出版社，2009.

[60]杨振武. 海洋石油地震勘探——资料采集与处理[M]. 北京：石油工业出版社，2012.

[61]X. Zhu，许世勇. 多分量地震资料处理新进展[J]. 国外油气勘探，2000，12(5).

[62]刘振武，撒利明，董世泰，等. 地震数据采集核心装备现状及发展方向[J]. 石油地球物理勘探，2013，48(4).

[63]王艳梅，孙旭民. GPS 新技术在石油物探测量及油田建设中的应用展望[J]. 物探装备，2005，15(3).

[64]邹进贵，隗剑秋，花向红，等. 石油物探测量综合系统的研究[J]. 测绘信息与工程，2006，31(2).

[65]耿少波，方守川. 拖缆定位导航差分 GPS 系统方案[J]. 物探装备，2008，18(1).

[66]T. Schmitt，N. C. Mitchell，A. T. S. Ramsay. Characterizing uncertainties for quantifying bathymetry change between time-separated multibeam echo-sounder surveys[J]. Continental Shelf Research，2008，28(9).

[67]D. J. Matthews. Tables of the velocity of sound in pure water and sea water for use in echo-sounding and sound-ranging[M]. Hydrographic Department，Admiralty，1939.

[68]方守川，耿少波，陈钥生. 测深仪的校正[J]. 物探装备，2005，15(2).

[69]夏嘉辉，赵桂华. 海洋工程中电罗经校正之实用方法[J]. 硅谷，2013，(12).

[70]施超，江德藩. CLP-1 型船用电罗经[J]. 上海船舶运输科学研究所学报，1980，1000.

[71]易昌华. 拖缆式石油勘探导航定位数据处理关键技术研究及系统实现[D]. 武汉大学，2013.

[72]赵庆献. 天然气水合物准三维地震调查面元参数优化研究[J]. 热带海洋学报，2011，30(1).

[73]任文静，樊俊明. BPS 声学二次定位系统在石油勘探中的应用[J]. 物探

装备，2009，19(z1)．

[74]易昌华，任文静，方守川，等．BPS 水下二次定位系统[J]．石油科技论坛，2013，32(2)．

[75]易昌华，任文静，秦学彬，等．BPS 声学定位系统[J]．数字通信世界，2011，(2)．

[76]徐绍铨，张华海，杨志强，等．GPS 测量原理及应用[M]．武汉：武汉大学出版社，2003．

[77]程鹏飞，文汉江，成英燕，等．2000 国家大地坐标系椭球参数与 GRS80 和 WGS84 的比较[J]．测绘学报，2009，38(3)．

[78]殿璞．船舶运动与建模[M]．北京：国防工业出版社，2008．

[79]高国青，叶湘滨，乔纯捷，等．水下声定位系统原理与误差分析[J]．四川兵工学报，2010，31(6)．

[80]赵建虎．现代海洋测绘[M]．武汉：武汉大学出版社，2007．

[81]武汉大学测绘学院测量平差学科组．误差理论与测量平差基础[M]．武汉：武汉大学出版社，2003．

[82]隋立芬，宋力杰，柴洪洲．误差理论与测量平差基础[M]．北京：测绘出版社，2010．

[83] W. Baarda. A testing procedure for use in geodetic networks[J]. Delft, Kanaalweg 4, Rijkscommissie voor Geodesie, 1968(1).

[84] W. Baarda, N. G. Commission. Statistical concepts in geodesy [M]. Rijkscommissie voor Geodesie, 1967.

[85]莫春柳．最小二乘逼近曲线的计算机程序设计[J]．广东工业大学学报，1999，16(2)．

[86]秦永元．卡尔曼滤波与组合导航原理[M]．西安：西北工业大学出版社，1998．

[87]方守川，耿少波，陈钥生．GATOR 综合导航系统的关键技术剖析[J]．物探装备，2006，16(2)．

[88]刘大杰，陶本藻．实用测量数据处理方法[M]．北京：测绘出版社，2000．

[89]易昌华，方守川，秦学彬．OBC 二次定位系统定位算法研究[J]．物探装备，2009，18(6)．

[90]阳凡林，李家彪，吴自银，等．浅水多波束勘测数据精细处理方法[J]．测绘学报，2008，37(4)．

[91]杨世学，刘宇明．SPECTRA 综合导航系统在海洋勘探中的应用[J]．海洋测绘，2002，22(6)．

[92]P. Cross. Kalman filtering and its application to offshore position-fixing[J]. The Hydrographic Journal, 1987.

[93]P. Cross. Advanced least squares applied to position-fixing[M]. Polytechnic of East London, Department of Land Surveying, 1990.

[94]R. G. B. P. Y. Hwang, R. G. Brown. Introduction to random signals and applied Kalman filtering[J]. John Wiley & Sons, Inc, 1997.

[95]李积德．船舶耐波性[M]．哈尔滨：哈尔滨工程大学出版社，2007．

[96]肖建良，贾欣乐．船舶全方位操纵数学模型[J]．大连海运学院学报，1992(4)．

[97]王飞．海洋勘探拖曳系统运动仿真与控制技术研究[J]．上海交通大学学报，2006．

[98]冯士筰，李凤岐，李少菁．海洋科学导论[M]．北京：高等教育出版社，1999．

[99]吴学兵，刘志田，宁靖．海洋石油勘探水听器二次定位新方法研究[J]．中国石油大学学报(自然科学版)，2006，30(5)．